COMPLÉMENT

ET

SOLUTIONS RAISONNÉES DES PROBLÈMES

DE

L'ARITHMÉTIQUE ÉLÉMENTAIRE

PAR DUBLANCHY

INSTITUTEUR A PARIS

Ancien professeur de mathématiques et auteur des *Cahiers de Calcul*.

PARIS

NOUVELLE LIBRAIRIE CLASSIQUE

VICTOR SARLIT, LIBRAIRE-ÉDITEUR

RUE SAINT-SULPICE, 25

COMPLÉMENT ET SOLUTIONS

DES PROBLÈMES

DU TRAITÉ ÉLÉMENTAIRE D'ARITHMÉTIQUE

V

Paris. — Typographie de Gaittet, rue Gît-le-Cœur, 7.

COMPLÉMENT

ET

SOLUTIONS

DES PROBLÈMES DU TRAITÉ ÉLÉMENTAIRE

D'ARITHMÉTIQUE

CONTENANT EN PLUS

1° 100 nouveaux problèmes avec solutions

2° Les solutions des exercices et problèmes contenus dans la *Petite Arithmétique élémentaire*

PAR DUBLANCHY

Instituteur à Paris, ancien professeur de mathématiques
et auteur des *Cahiers de calcul*

PARIS

NOUVELLE LIBRAIRIE CLASSIQUE

VICTOR SARLIT, LIBRAIRE-ÉDITEUR

25, RUE SAINT-SULPICE

—

1859

COMPLÉMENT

ET

SOLUTIONS

DES PROBLÈMES DU TRAITÉ ÉLÉMENTAIRE

D'ARITHMÉTIQUE

PARIS

TRAITÉ ÉLÉMENTAIRE

D'ARITHMÉTIQUE.

COMPLÉMENT ET SOLUTION DES PROBLÈMES.

INTRODUCTION.

En publiant notre *Cours élémentaire d'arithmétique,* nous nous sommes appliqué à exercer la mémoire et l'intelligence des jeunes gens, à mettre la science à leur portée. Lorsque nous avons rencontré quelques diffi-cultés dans certaines définitions, nous avons préféré la simplicité et la clarté aux rigueurs mathématiques, nous contentant, pour le moment, de donner des définitions *exactes* pour *l'arithmétique élémentaire.* Si l'on veut poursuivre l'étude des *mathématiques,* quelques-unes de nos définitions ne suffisent plus, et nous sommes né-cessairement conduit à rétablir ici, dans leur *rigueur,* les définitions que le désir de nous faire comprendre nous avait fait écarter momentanément.

Pour faire mieux comprendre notre méthode, prenons un exemple entre autres. Nous disons (*Arith.*, n° 4) : *On appelle nombre une unité ou la réunion de plusieurs uni-tés ou de parties d'unité de même espèce.* Cette définition ne peut pas s'appliquer aux mathématiques en général ; car il n'y a qu'une seule définition *exacte* d'un nombre, et c'est celle-ci : *On appelle nombre le rapport d'une quantité à son unité.* Mais lorsque nous commençons à enseigner l'arithmétique aux enfants, si nous leur parlons de *rapport*, ils ne nous comprendront pas, tant que nous ne leur aurons pas fait voir ce que c'est qu'un *rapport* ; or, pour avoir une idée exacte d'un rapport, il faut connaître au moins la division.

Dans ce petit ouvrage, en rétablissant les définitions *générales*, nous avons ajouté, en différents endroits, des notes explicatives formant le complément de l'arithmétique élémentaire. Ces notes (extraites de notre COURS SUPÉRIEUR, *ouvrage inédit*) ont principalement pour but les simplifications des calculs, toutes les fois qu'il y a lieu. L'expérience nous a montré qu'il est très-important d'initier de bonne heure les enfants à ces simplifications, pourvu qu'on le fasse avec ordre, avec intelligence, et toujours d'après les principes.

Nous donnons enfin les *solutions raisonnées* de tous les problèmes qui exigent des explications. C'est encore ici une *innovation*, qui nous a paru d'autant plus utile que les problèmes de notre *Arithmétique élémentaire* doivent être le *type* de ceux que nous donnons dans notre PETITE ARITHMÉTIQUE ÉLÉMENTAIRE et notre *Méthode de calcul*, dont le succès, si rapide et sans exemple, nous a encouragé à poursuivre notre *système* pour l'enseignement de l'arithmétique.

Nous espérons que, par la facilité que nous leur donnons, MM. les instituteurs accueilleront avec empressement un ouvrage où se trouvent les renseignements et les explications qu'ils peuvent donner à leurs élèves : avec notre SYSTÈME COMPLET, *le travail est considérablement simplifié et les progrès bien plus rapides.* Tel est l'avis d'un grand nombre d'instituteurs qui se servent de nos *Cahiers de calcul.*

PRÉLIMINAIRES.

Aux signes indiqués (*Arith.*, n° 32), nous devons ajouter les suivants :

La division de deux quantités s'indique par deux points ou par un trait horizontal placé entre deux nombres. Ainsi 18 : 6 et $\frac{18}{6}$ signifient 18 divisé par 6.

Pour 100 s'écrit p. $\frac{0}{0}$.

x désigne une quantité inconnue.

$\sqrt{\ }$ ou $\sqrt{\ }$ désigne une racine carrée à extraire.

$\sqrt[3]{\ }$ désigne une racine cubique à extraire.

Les *parenthèses* indiquent des opérations qu'il faut effectuer séparément, avant de faire les autres qui sont indiquées par les signes en dehors de ces parenthèses.

Ainsi $(8 \times 4) + 42 : (15 - 7)$ indique qu'il faut diviser la somme du produit 8×4 ou 32 et 42 par $15 - 7$, ce qui revient à diviser 74 par 8.

La virgule remplace quelquefois la parenthèse, comme dans l'expression $12 \times 3, - 15$, où l'on voit qu'il suffit de retrancher 15 du produit de 12 par 3.

SOLUTIONS DES PROBLÈMES.

EXERCICES SUR LA NUMÉRATION.

NOMBRES ÉCRITS EN CHIFFRES (*Arithmétique*, page 8).

1. 10, 20, 30, 40, 50, 60, 70, 80, 90.

2. 13.

3. 26.

4. 17.
5. 45.
6. 66.
7. 76.
8. 78.
9. 83.
10. 92.
11. 99.
12. 100, 200, 300, 400, 500,
600, 700, 800, 900.
13. 119.
14. 415.
15. 538.

16. 762.
17. 904.
18. 1.000, 10.000, 100.000,
1.000.000, 100.000.000,
2.000.000.000.
19. 52.000.
20. 132.537.
21. 35.007.006,
22. 48.004.075.
23. 3.059.000.395.
24. 5.315.513.302.
25. 600.004.000.008.

EXERCICES SUR LES NOMBRES DÉCIMAUX

NOMBRES ÉCRITS EN CHIFFRES (*Arith.*, p. 14).

25 (a). 0,5 ; 0,8.
26. 0,04 ; 0,07
27. 0,006 ; 0,009.
28. 0,85.
29. 0,335.
30. 0,610.
31. 0,0600.
32. 0,39.
33. 0,0065.
34. 0,0080.
35. 0,090.
36. 0,000009.
37. 0,024785.

38. 0,0002004.
39. 0,057.
40. 0,250332.
41. 54,32.
42. 68,9.
43. 3009,75.
44. 24819,145.
45. 77409,095.
46. 93236,36207.
47. 65000287,036352.
48. 7000222787,28691.
49. 6,000037.
50. 892204000,027037.

PROBLÈMES SUR L'ADDITION (*Arith.*, p. 22).

51. $67238 + 12547 + 85785 = 165570$ fr.
52. $358 + 5847 + 495 + 12793 = 19493$ fr

53. $25348 + 136780 + 128798 + 92259 + 136465 = 519650$ fr.
54. $720000 + 425000 + 502000 + 594000 + 444000 = 2685000$ habitants.
55. $628795 + 727397 + 542040 + 473248 + 6782046 = 9153526$ francs.
56. 587 fr., $58 + 178,75 + 1258,65 + 5842,40 = 7867$ fr., 38 centimes.
57. 1342 fr., $45 + 487,64 + 532 + 458,88 = 2820$ fr., 97 centimes.
58. $142395,80 + 45000 + 82789,35 + 27432,37 = 297617$ fr., 52 centimes,
59. 1° $38,75 + 105,15 + 98,58 + 47,35 = 289$ fr., 83 c.
2° $364,50 + 48,85 = 413$ fr., 35 c.
3° $289,83 + 413,35 = 703$ fr., 18 c.
60. $2,50 + 2,75 + 4,80 + 2,20 + 3,40 + 4,80 = 20$ fr., 45 c.

SUR LA SOUSTRACTION (*Arith.*, p. 23).

1. EN GÉNÉRAL : La soustraction a pour but, connaissant la somme de deux nombres et l'un de ces nombres, de déterminer l'autre nombre, appelé *reste*, *excès* ou *différence*.

2. De là, il résulte :

1° Que si l'on augmente ou si l'on diminue le plus grand des deux nombres, sans changer le plus petit, la différence augmente ou diminue de la même quantité qui a été ajoutée au 1er nombre ou qui en a été retranchée.

2° Que si l'on augmente ou si l'on diminue le plus petit des deux nombres, sans changer le plus grand, la différence diminue dans le 1er cas ou augmente dans le second de la même quantité qui a été ajoutée à ce plus petit nombre ou qui en a été retranchée.

3. PAR CONSÉQUENT : *Si l'on augmente ou si l'on diminue, d'une même quantité, deux nombres quelconques, la différence de ces deux nombres ne change pas.*

4. Cette propriété fournit cette autre manière d'effectuer la soustraction : . . . *Si un chiffre inférieur est plus grand que son correspondant supérieur, on augmente celui-ci de dix unités, afin de rendre la soustraction possible ; on augmente ensuite d'une unité le chiffre inférieur, placé immédiatement à gauche,* ce qui revient à augmenter d'une dizaine chacun des deux nombres de la soustraction.

PROBLÈMES SUR LA SOUSTRACTION (p. 27).

61. 52645 — 27946 = 24699.
62. 3867256 — 786987 = 3080269.
63. 48582,55 — 25342,35 = 23240 fr., 80 c.
64. 67891 — 8689 = 59202 arcs.
65. 31682,60 — 27854,27 = 3828 fr., 33 c.
66. 1875,80 — 965,50 = 908 fr., 30 c.
67. 5489362,80 — 368000 = 5121362 fr., 80 c.

SUR LA MULTIPLICATION (*Arith.*, p. 28).

5. En général : La multiplication est une opération qui a pour but, étant donnés un nombre appelé *multiplicande* et un autre nombre appelé *multiplicateur*, de calculer un autre nombre nommé *produit*, qui soit composé avec le multiplicande, comme le multiplicateur est composé avec l'unité.

6. De cette définition, il résulte que multiplier un nombre par une fraction décimale ou ordinaire, c'est prendre du multiplicande une partie indiquée par la fraction multiplicateur, ainsi que nous l'avons vu aux nᵒˢ 428 et 429 de l'*Arithmétique élémentaire.*

N. B. Il peut arriver dans ce dernier cas que la multiplication se réduise à une division. Supposons, par exemple, que l'on ait à multiplier 348 (ou tout autre nombre) par l'une des fractions 0,25 0,50 0,75.... équivalentes à $\frac{1}{4}$, $\frac{1}{2}$, $\frac{3}{4}$; on aura :

$$348 \times 0,25 = 348 : 4 = 87 \; ; \; 348 \times 0,50 = 348 : 2 = 174 \; ;$$
$$(348 \times 3) : 4 = 261.$$

7. On a vu (*Arith.*, n° 47) que le produit de deux facteurs ne change pas, si l'on intervertit l'ordre des facteurs ; montrons que cette propriété convient aussi au produit d'un nombre quelconque de facteurs. D'abord on a $7 \times 8 = 8 \times 7$, on aura de même $(7 \times 8) \times 4 = (8 \times 7) \times 4$. Or, si l'on effectue la multiplication de 8 par 7, on aura $56 \times 4 = 4 \times 56$ ou $7 \times 8 \times 4 = 4 \times 8 \times 7$; et, puisqu'on peut changer les deux premiers facteurs, on aura encore $7 \times 8 \times 4 = 8 \times 4 \times 7$, d'où l'on voit que le troisième facteur 4 a successivement occupé les trois rangs dans les produits égaux. On démontrera de la même manière que la propriété énoncée convient à quatre et en général à un nombre quelconque de facteurs.

N. B. Pour faire la multiplication de deux ou de plusieurs nombres, on doit prendre pour multiplicateur celui des facteurs qui a le moins de chiffres : On abrége ainsi le calcul.

Puisque $56 \times 4 = 7 \times 8 \times 4 = 7 \times 32$, comme on l'a démontré au n° 7, on peut, dans la multiplication, multiplier le multiplicande successivement par les facteurs du multiplicateur. Supposons, par exemple, que l'on ait à multiplier 56 par 315, ou $9 \times 5 \times 7$.

On aura successivement $56 \times 9 = 504$, $504 \times 5 = 2520$ et $2520 \times 7 = 17640$, de sorte que $56 \times 315 = 17640$.

On arriverait plus facilement au même résultat en prenant les deux facteurs 7 et 8 de 56, puisque $56 = 7 \times 8$, ce qui donnerait $315 \times 7 = 2205$ et $2205 \times 8 = 17640$.

Il sera utile de s'exercer sur ces abréviations de calcul, toutes les fois qu'il sera possible de les faire facilement.

PROBLÈMES SUR LA MULTIPLICATION (p. 38).

68. 16742 × 585 = 9794070.

69. 60789 × 56300 = 3422420700.

70. 37,65 × 7825 = 294611 fr., 25 c.

71. 3542 × 19 = 67298 fr.

72. 87,95 × 789500 = 69.436.525 fr.

73. Les 75 pièces contiennent 67 × 75 = 5025 mètres pour
5025 × 13,25 = 66581 fr., 25 c.

74. 7,45 × 1248 = 9297 fr., 60 c.

75. Les 168 ouvriers gagnent en un jour 4,25 × 168 =
714 fr.; en 27 jours, ils gagneront 714 × 27 = 19278 fr.

76. 67084 × 5874 × 7956 = 3.135.073.065.696.

77. Les 8 pièces contiennent 3080 litres et coûtent 3080
× 0 fr., 65 = 2002 fr.

SUR LA DIVISION (*Arith.*, p. 39).

8. EN GÉNÉRAL : La division est une opération qui a pour but, connaissant le produit de deux facteurs, appelé *dividende*, et l'un des facteurs, nommé *diviseur*, de déterminer le deuxième facteur, appelé *quotient*.

De cette définition, il résulte :

1° Que si le diviseur est 1, le quotient est égal au dividende ;

2° Que si le diviseur est plus grand que l'unité, le quotient est plus petit que le dividende ;

3° Que si le diviseur est moindre que l'unité ou une fraction, le quotient est plus grand que le dividende ;

9. On a vu (*Arith.*, n° 67) une manière d'abréger la division, lorsque le diviseur est composé d'un seul chiffre. Cette méthode a besoin d'être développée, à cause des avantages qu'elle offre.

Supposons que l'on ait à diviser 567488 par 8, et bornons-nous à la pratique, la démonstration ayant été suffisante.

$$\textit{Dividende}\ldots\ 567488\quad \textit{Diviseur}\ldots\ 8$$
$$\textit{Quotient}\ldots\ 70936$$

On procède ainsi : en 56, combien de fois 8? 7 fois pour 56, il ne reste rien, je pose 7 ; en 7, combien de fois 8? il n'y est pas, je pose 0 à la droite du 7 ; il reste 7 qui valent 70, et 4, qui font 74 ; en 74, combien de fois 8? 9 fois pour 72 ; je pose 9 et il reste 2 qui valent 20, et 8 font 28 ; en 28, combien de fois 8? 3 fois pour 24 et il reste 4, qui valent 40, et 8 font 48 ; en 48, combien de fois 8 ? 6 fois ; je pose 6 et j'ai 70936 pour quotient.

Cela fait, on vérifie si l'on n'a pas fait de fautes de calcul, en multipliant mentalement 70936 par 8, et l'on doit retrouver successivement tous les chiffres du dividende 567488.

Mais si au lieu d'avoir à diviser 567488 par 8, nous avions eu à diviser ce même nombre par 64 (ou tout autre nombre, multiple de 8) par exemple ; après avoir divisé par 8, il suffirait de diviser le quotient trouvé par l'autre facteur 8, de 64 (64 $= 8 \times 8$). Opérant sur 70936 comme on l'a fait pour la première division de 567488 par 8, on trouvera que 70936 : 8 $=$ 8867, de sorte que

$$567488 : 64 = 8867.$$

Si l'on avait eu 567488 à diviser par 640, on aurait d'abord séparé un chiffre décimal sur la droite de 567488, ce qui aurait donné 56748,8 ; et l'on aurait effectué les deux divisions, comme elles l'ont été, ce qui aurait donné

$$567488 : 640 = 886,7.$$

En divisant 567488 par 6400, on aurait de même 5674,88 : 64 (*Arith.*, 71), ce qui donne 567488 : 6400 ou 5674,88 : 64 $=$ 8867 (*Arith.*, 79).

N. B. Cet exemple suffit pour montrer quand, dans

la pratique, on peut faire usage de cette méthode abréviative, qu'on ne peut guère employer que quand on connaît bien la division.

Ce principe n'est qu'une conséquence de la définition de la division et de ce qui a été dit précédemment (7), d'où l'on peut conclure que *pour diviser un nombre par le produit de plusieurs facteurs, il suffit de diviser successivement par ces facteurs.*

10. Dans la division, au lieu d'écrire sous chaque dividende partiel le produit du diviseur par le chiffre trouvé au quotient, pour faire ensuite la soustraction, on effectue ordinairement les soustractions partielles en même temps que les multiplications partielles, ce qui se fait en ajoutant mentalement assez de dizaines à chaque chiffre des dividendes partiels pour que l'on puisse en retrancher les produits correspondants.

Par exemple, pour diviser 281220 par 645, on dit : 281220(645 en 28, combien de fois 6? 4 fois; 4 fois 5 2322 font 20, 20 ôté de 22, il reste 2, que j'écris 3870|436 sous le 2, le premier chiffre à droite du 000 premier dividende partiel 2812, et je retiens 2; 4 fois 4 font 16, et 2 de retenue font 18; 18 ôté de 21, il reste 3, et je retiens 2; 4 fois 6 font 24, et 2 de retenue font 26; 26 ôté de 28, il reste 2. A la droite du reste 232, j'abaisse le chiffre 2 du dividende total, ce qui me donne 2322 pour le deuxième dividende partiel. En 23, combien de fois 6? 3 fois; 3 fois 5 font 15; 15 de 22, reste 7; 3 fois 4 font 12, et 2 font 14; 14 de 22, reste 8; 3 fois 6 font 18, et 2 font 20; 20 de 23, reste 3; et l'on a 3870 pour troisième dividende partiel. En 38, combien de fois 6? 6 fois; 6 fois 5 font 30, 30 de 30, reste 0; 6 fois 4 font 24, et 3 font 27, 27 de 27, reste 0; 6 fois 6 font 36, et 2 font 38, 38 de 38, reste rien.

11. Nous ajouterons encore ici les propriétés suivantes, qui se déduisent de la définition même de la division.

1° *Si l'on augmente le dividende d'un certain nombre de fois le diviseur, le quotient augmente d'autant d'unités que le second a été ajouté de fois au premier.*

2° *Quand on multiplie ou quand on divise le dividende, sans changer le diviseur, par un nombre quelconque, le quotient est multiplié ou divisé par ce nombre.*

3° *Quand on multiplie ou quand on divise le diviseur, sans changer le dividende, par un nombre quelconque, le quotient est divisé dans le premier cas et multiplié dans le second par ce même nombre.*

4° *Quand on multiplie ou quand on divise par un nombre quelconque le dividende et le diviseur, le quotient ne change pas.*

PROBLÈMES SUR LA DIVISION (p. 50).

78. 452324 : 246 = 1838,71, reste 134.
79. 648782 : 46 = 14103,95, reste 30.
80. 22096043 : 68 = 324941,80, reste 60.
81. 6784026 : 548 = 12379,60, reste 520.
82. 314860 : 197 = 1598,2741, reste 23.
83. 5485436 : 325 = 16878,26, reste 150.
84. 7859400 : 98 = 80197,959, reste 18.
85. 156720 : 4575 = 34 fr., 255 millièmes, reste 3375.
86. 16344 : 360 = 45 fr., 40 c.
87. 4590 : 85 = 54 fr.
88. 2,46 : 6 = 0 fr., 41 c.
89. 696 : 24 = 29 fr.
90. Le ½ de 160,272 est 26,712 ; le ⅐, 22,896 ; le ⅛, 20,034 ; et de ⅑, 17,808.
91. 38785 : 1000 = 38 ares 78 centiares 5 dixièmes de centiare.
92. 587862 : 17814 = 33 personnes.

PROBLÈMES DE RÉCAPITULATION (*Arith.*, p. 52).

93. — La somme est 86418 ; la différence est 77062 ; le produit, 382379720 ; et le quotient, 17,47, reste 1534.

94. — Chaque pièce coûte $0,45 \times 34$ ou 15 fr. 30 c. On gagnera sur chaque pièce 20 fr. 40 — 15 fr. 30 ou 5 fr. 10 cent. Les 238 pièces produiront un gain de $5,10 \times 238$ ou 1213 fr., 80 cent.

95. — Le père et les enfants gagnent par jour 3 fr., 15 + 1 fr., 45 = 4 fr., 60 ; ils gagneront dans un an $4,60 \times 365 = 1679$ fr.

La femme gagne dans un an 17 fr. $\times$ 12 = 204 fr.

Dans un an la famille gagnera 1679 fr. + 204 fr., ou 1883 fr.

Pendant le même temps, elle dépensera $17, 50 \times 12$ ou 882 fr. + 160 fr. ou 1042 fr. Il lui restera conséquemment 1883 — 1042 = 841 fr.

Au bout de 3 ans, la famille aura 841 fr. $\times$ 3 ou 2523 fr.

96. — $452 \times 36 \times 95 \times 87 = 134488080$, et $583 \times 7 \times 29 = 118349$.

134488080 : 118349 = 1136,368 ; reste 63568.

97. — Le brocanteur a payé 1° $9,40 \times 56 = 526$ fr., 40 ; 2° $10,25 \times 127 = 1301$ fr., 75 ; 3° $12,80 \times 238 = 3046$ fr., 40 ; 4° $13,20 \times 162 = 2158$ fr., 40.

Il a donc payé en tout 526,40 + 1301,75 + 3046,40 + 2138, 40 = 7012 fr. 95 cent. Il a revendu 56 + 127 + 238 + 162 = 583 mètres pour $12,90 \times 583 = 7520$ fr. 70 cent. Il gagne 7520,70 — 7012,95 ou 507 fr. 75 cent.

98. Cette personne a payé : 1° $1 \times 382 = 382$ fr. ; 2° $0,90 \times 638 = 574$ fr., 20 ; 3° $0,80 \times 328 = 262$ fr., 40 ; 4° $0,70 \times 232 = 162$ fr., 40. Elle veut gagner 350 francs ; c'est-à-dire qu'elle devra, dans la vente, retirer 350 fr. en plus de ce qu'elle a payé. Additionnant les quatre sommes du prix d'achat avec 350 fr., et divisant la somme totale par celle des quatre nombres de mètres, on aura :

1731 : 1580 = 1 fr., 095, reste 900. Elle devra revendre le mètre 1 fr., 10 cent. (V. arith. n° 139.

99. Les 200 ouvriers gagnent dans un jour $1,75 \times 200$ ou $175 \times 2 = 350$ fr.; et, en 115 jours, ils gagneront $350 \times 115 = 40250$ fr. L'entrepreneur devra payer $40250 + 1200$ ou 41450 fr. Il gagnera donc $45000 - 41450 = 3550$ fr.

100. $912 \times 45 = 41040$ et $41040 : 24 = 1710$ fois.

101. 1° La fontaine, pour remplir le bassin, mettra autant d'heures que 240 est contenu dans 37425, ou 155 h., 937 d'heure = 155 h. 56 min. 15 secondes.

2° Dans un jour, elle fournira $240 \times 24 = 5760$ litres.

102. Le marchand gagne sur la totalité de ses chevaux $16932 - 15980$ ou 952 fr. Or, il gagne 14 fr. par cheval, il avait donc $952 : 14$ ou 68 chevaux.

103. Le marchand fournit pour $12,50 \times 348$ ou 4350 francs ; le négociant fournit pour $65,45 \times 42$ ou 2748 fr. 90 cent. Le négociant redoit donc au marchand $4350 - 2748,90$ ou 1601 fr., 10 centimes.

104. En 48 jours, cette personne a gagné $258,50 - 117,20$ ou 141 fr., 30 cent. En un jour, elle gagnait $141,30 : 48 = 2$ fr. 944 millièmes.

105. $1470105 : 0,35 = 4200300$ fois (V. *Comp.* n° 8, 3°).

106. Chaque employé gagne $410260 : 562 = 730$ fr. par an, et $730 : 365$ ou 2 fr. par jour.

107. $2478,578 \times 0,7 = 1735,0046$ (*C.* n° 6).

108. La 1re personne a $2400 \times 0,7 = 7200$ fr.; la 2e a $24000 \times 0,4 = 9600$ fr.; la 3e a $24000 - (7200 + 9600) = 24000 - 16800$ ou 7200 fr.

109. Le fils aîné prend $125000 \times 0,4$ ou 50000 francs. Alors il reste $125000 - 50000$ ou 75000 fr. La fille prend $75000 \times 0,4$ ou 30000 fr. Alors, il ne reste plus que 45000 fr., dont le plus jeune enfant prend $45000 \times 0,4$

ou 18000 fr., et il reste pour la veuve 45000 — 18000 ou 27000 francs.

110. Les 18 sous-officiers prennent 350 $\times$ 18 ou 6300 francs. Alors il reste 25000 — 6300 ou 18700 francs. Chaque soldat recevra 18700 : 675 ou 27 fr., 70 cent., et il restera 2 fr., 50.

111. Les 0,9 coûteront 750 $\times$ 0,9 ou 675 francs.

112. Puisque 362 mètres coûtent 4344 fr., un mètre coûtera 362 fois moins ou 4344 : 362 = 12 francs ; et 835 mètres coûteront 835 fois 12 fr. ou 12 $\times$ 835 = 10020 fr.

113. L'ouvrier qui gagne 175 fr. en 35 jours gagnera, en 1 jour, 35 fois moins ou 175 : 35 ou 5 francs ; et, en 29 jours, il gagnera 29 fois 5 francs ou 5 $\times$ 29 ou, enfin, 145 francs.

114. Cet ouvrier aura travaillé pendant 35 fois 9 h. ou 9 $\times$ 35 = 315 heures. Il gagnera 315 fois 0 fr., 45 ou 0,45 $\times$ 315, ou, enfin, 141 fr., 75 centimes.

115. Il ne restera plus que 500 — 25 ou 475 œufs, qu'il faudra revendre 17 $+$ 8 ou 25 francs. On devra donc revendre l'œuf 25 : 475, ou 0 fr., 0526, ou, enfin, 0 fr., 053 millièmes.

116. Puisque 15 litres coûtent 9 fr., 1 litre coûtera 15 fois moins ou 9 : 15 ou 0 fr., 60 cent.; et 134 litres coûteront 134 fois 0 fr., 60, ou 80 fr., 40 centimes.

117. Il est évident que rendre un nombre 0,75 de fois grand, c'est le rendre plus petit (V. *C.* n° 6). On a 4785,95 $\times$ 0,75 = 3589,4625.

118. Ici le quotient sera plus grand que le dividende (*C.* n° 8, 3°); en rendant ce nombre 0,75 de fois plus petit, on l'aura rendu plus grand, et l'on aura : 4785,95 : 0,75 = 6381,28.

119. Remarquons ici que 0,5 est la moitié d'une unité ; et puisque la moitié de la pièce coûte 836 fr., la pièce totale aurait coûté 836 $\times$ 2 ou 1672 fr. (on serait parvenu au même résultat en divisant 836 par 0,5). Les 0,13 coûteront donc 1672 $\times$ 0,13 ou 217 fr., 36 cent.

120. Puisque 80 centimètres (*Arith.*, 24, 1°) coûtent 875 centimes, 1 centimètre coûtera 80 fois moins ou 875 : 80 (*Arith.* n° 75) ou 0 fr., 109375. Le mètre coûte 100 fois plus, ou 10 fr. 9375; et 1 m., 25 coûtera 10,9375 × 1,25 = 13 fr., 67 cent.

N. B.—Les problèmes de ce genre sont de ceux que l'on désigne sous le nom de *règles de trois*. Lorsque la division ne se fait pas exactement, il est plus avantageux de faire la multiplication avant la division, à cause des décimales, qui, lorsque le quotient se prolonge indéfiniment, ne donnent qu'une approximation d'autant plus grande que l'on en calcule un plus grand nombre. Ici on obtient le véritable résultat qui est 13 fr., 671875, parce que, dans la division, le quotient est exact après la 4ᵉ décimale; mais si le quotient devient périodique ou que, sans être périodique, on ne veut pas continuer la division, on ne peut obtenir un résultat exact, en n'employant que les décimales (*Arith.*, n° 109. *N. B.*). Nous donnons dans l'*appendice* une méthode qui satisfait à ce que nous ne pouvons traiter ici.

121. On a payé 234562 + 9500 ou 244062 fr.

1° Le mètre revient à 244062 : 132545 ou 1 fr., 844 millièmes.

2° Le mètre a été revendu 284576 : 132545 ou 2 fr., 147.

3° Le négociant gagne par mètre 2,147 — 1, 844 ou 0 fr., 306 millièmes.

122. Les 5 caisses contiennent 125 × 5 ou 625 oranges. La marchande en vendra 38 + 4 + 5 ou 47 de moins. Il ne lui en restera donc que 625 — 47 ou 578. Elle avait payé 0,085 × 625 = 53 fr., 125, ce qui, ajouté à 15 fr., donne 68 fr. 125.

Il faudra revendre l'orange 68,125 : 578 = 0 fr., 117 millièmes ou mieux 0 fr., 12 cent.

123. Ce nombre est 67, 2789 : 0,9578 ou 70, 243, reste 2546.

124. Puisque 15 personnes dépensent 12 fr., 75, une personne dépensera 15 fois moins, ou 12,75 : 15 = 0 fr. 85 cent., et 7 dépenseront 7 fois 0 fr., 85 ou 0,85 × 7 = 5 fr., 95 cent.

125. Il faudra, dans la vente, retirer ce qu'on a payé, plus ce qu'on veut gagner, c'est-à-dire, 12450 + 850 + 486 + 6000 = 19786 fr. On devra donc revendre l'hectolitre 19786 : 324 ou 61 fr., 067. Le décalitre vaudra 10 fois moins ou 6 fr., 1067 ; le litre vaudra 10 fois moins que le décalitre ou 0 fr., 61 cent.

126. Le négociant a payé en tout 18500 + 960 + 380 + 125 = 19966 fr. Or il revend les 748 hectolitres pour 21500 fr. Il a donc gagné 21500 — 19966 ou 1534 fr. sur la totalité. Il gagne par hectolitre 1534 : 748 ou 2 fr., 0,05 cent.

127. Le train fait 9 mètres par seconde, il fera en une heure 9 × 60 × 60 ou 21600 mètres. Il mettra donc 350000 : 21600 ou 16 heures 2 dixièmes. Or 2 dixièmes de 60 minutes valent 12 minutes et il reste 8 mètres. Le train mettra 16 h. 12 minutes 1 seconde et il arrivera à minuit 12 min. 1 seconde.

SUR LA DIVISIBILITÉ (*Arith.*, p. 61 et 64, § 2 et 3).

12. La décomposition d'un nombre en ses facteurs premiers est souvent utile : 1° pour trouver tous les diviseurs d'un nombre ; 2° pour déterminer le *plus grand commun diviseur* et le *plus petit multiple commun* à plusieurs nombres.

Soit, par exemple, proposé de décomposer 360 en ses facteurs premiers. On dispose ainsi le calcul :

360	2
180	2
90	2
45	3
15	3
5	

On divise d'abord 360 par 2 ; le quotient 180 est encore divisible par 2 ; le nouveau quotient l'est également par 2 ; mais le 3e quotient 45 n'est plus divisible par 2 ; il l'est par 3, ce qui donne au quotient 15, qui est encore divisible par 3. Effectuant cette dernière division, on trouve 5, qui est premier, de sorte qu'on a

$$360 = 2 \times 2 \times 2 \times 3 \times 3 \times 5 = 2^3 \times 3^2 \times 5 \, (\textit{Arith.} \, \text{n}^\circ \, 227).$$

On trouvera de même que

$$282828 = 2^2 \times 3 \times 7^2 \times 13 \times 37.$$

Par conséquent :

Pour décomposer un nombre en ses facteurs premiers, on le divise successivement par les nombres premiers qui le divisent exactement, en commençant par le plus petit diviseur et répétant les mêmes divisions, toujours autant de fois qu'il est possible, jusqu'à ce que l'on obtienne un reste qui soit un nombre premier.

15. Si l'on décompose en leurs facteurs premiers les nombres 5040, 2100 et 360, on aura $5040 = 2^4 \times 3^2 \times 5 \times 7^2$, $2100 = 2^2 \times 3 \times 5^2 \times 7$ et $360 = 2^3 \times 3^2 \times 5$. Les facteurs premiers communs à ces trois nombres sont 2, 3 et 5. De plus le facteur 2 a 2 pour son plus petit exposant dans les nombres 5040, 2100 et 360 ; il en résulte que chacun de ces nombres est divisible par 2^2 ou 4, et comme ils le sont aussi par 3 et par 5, ils le seront encore par $4 \times 3 \times 5$ ou 60 ; le plus grand commun diviseur des nombres 5040, 2100 et 360 est donc 60, puisque ces nombres n'ont pas d'autres facteurs communs que 4, 3 et 5. Ainsi :

Pour trouver le plus grand commun diviseur de deux ou de plusieurs nombres, on décompose ces nombres en leurs facteurs premiers, on effectue le produit de tous les facteurs premiers, chacun de ces facteurs étant affecté de son plus petit exposant dans les nombres proposés.

14. Si l'on voulait trouver le plus petit multiple commun des mêmes nombres 5040, 2100 et 360, après avoir décomposé ces nombres en leurs facteurs premiers, il suffirait de composer un produit qui renfermât tous les facteurs des nombres donnés. Ainsi l'on aurait $2^4 \times 3^2 \times 5^2 \times 7^2$. Évidemment ce produit est divisible par 5040, 2100 et 360 ou $2^4 \times 3^2 \times 5 \times 7^2$, $2^2 \times 3 \times 5^2 \times 7$ et $2^3 \times 3^2 \times 5$ (*Arith.* n° 102, 1°). Donc:

Pour trouver le plus petit multiple commun à plusieurs nombres, après les avoir décomposés en leurs facteurs premiers, il suffit de calculer le produit de tous les facteurs premiers qui entrent dans ces nombres, chaque facteur étant affecté de son plus grand exposant dans les nombres proposés.

15. Quand un nombre est décomposé en ses facteurs premiers, on en obtient tous les diviseurs en multipliant les facteurs premiers d'abord par 1, puis successivement par eux-mêmes et les uns par les autres.

EXERCICES SUR LA DIVISIBILITÉ.

128. R. 90.

129. R. 45.

130. R. 24.

131. R. En recherchant le P. G. C. D. (*plus grand commun diviseur*) des deux nombres 458 et 361, on trouve d'abord les deux restes consécutifs 97 et 71 qui sont premiers entre eux (*Arith.*, 100) : donc, les deux nombres 458 et 361 sont premiers entre eux.

132. R. 1440.

133. R. 57600.

134. R. 1941840.

135. R. Le nombre 288 étant divisible par les nombres 24, 48, 72 et 96, et se divisant lui-même, est le plus petit commun multiple cherché.

SUR LES FRACTIONS (*Arith.*, p. 68 à 75).

16. *En général*, on appelle fraction toute quantité moindre que l'unité.

L'énoncé des fractions peut quelquefois donner lieu à des équivoques, comme celui des fractions $\frac{210}{9}$, $\frac{200}{19}$ et $\frac{2}{119}$. L'équivoque n'a pas lieu si, dans l'énoncé, on fait une pose entre les deux termes, ou si on les prononce séparément.

17. Si l'on augmente ou si l'on diminue, d'une même quantité, les deux termes d'une fraction, elle augmente dans le premier cas, et elle diminue dans le second. L'augmentation ou la diminution est d'autant plus grande que la quantité ajoutée ou retranchée est plus grande ; mais dans l'un et dans l'autre cas, la fraction ne peut ni arriver à égaler l'unité, ni se réduire à zéro ; car la différence entre les deux termes reste constante (*C.* n° 3). Ainsi les fractions $\frac{3}{5}$, $\frac{7}{9}$, $\frac{11}{13}$, $\frac{15}{17}$, etc. deviennent de plus en plus grandes, à partir de $\frac{3}{5}$; mais la différence entre le numérateur et le dénominateur est toujours 2.

N. B. Si la fraction était l'*unité* (*Arith.*, n° 110), elle ne changerait pas de valeur, puisque la différence entre les deux termes serait toujours *zéro*.

Si au contraire la fraction était une expression fractionnaire, le contraire du principe du n° 17 aurait lieu ; c'est-à-dire, que la valeur de l'expression fractionnaire diminuerait ou augmenterait, à mesure que l'on augmenterait ou que l'on diminuerait les deux termes d'une même quantité.

18. Lorsque des fractions égales sont exprimées par des termes différents :

1° Si on les réduit au même dénominateur, elles auront les mêmes numérateurs : cela est évident.

2° Si on les réduit à leurs plus simples expressions, elles auront les mêmes termes. Ainsi, en simplifiant les fractions $\frac{9}{12}$, $\frac{18}{24}$, $\frac{36}{48}$, on obtiendra, pour chacune, $\frac{3}{4}$. S'il en était autrement, les fractions ne seraient pas égales, puisque des fractions égales doivent exprimer la même quantité.

19. Lorsqu'on a acquis l'habitude de réduire des fractions au même dénominateur, il arrive très-souvent qu'il n'est pas nécessaire d'effectuer les calculs. Il suffit à cet effet de reconnaître par quels nombres il faut multiplier les deux termes de chacune, pour arriver à un dénominateur commun. Supposons que l'on ait à réduire aux mêmes dénominateurs :

1° $\frac{3}{4}$ et $\frac{7}{8}$. En multipliant par 2 les deux termes de $\frac{3}{4}$, on aura $\frac{6}{8}$ et $\frac{7}{8}$.

2° $\frac{2}{3}$, $\frac{4}{5}$ et $\frac{8}{15}$. Il suffira de multiplier les deux termes de $\frac{2}{3}$ par 5 et les deux termes de $\frac{4}{5}$ par 3, ce qui donnera $\frac{10}{15}$, $\frac{12}{15}$ et $\frac{8}{15}$.

3° $\frac{3}{5}$, $\frac{5}{6}$, $\frac{7}{10}$ et $\frac{4}{15}$. Le produit des dénominateurs 5 et 6, qui sont premiers entre eux, sera divisible par 10 et par 15.

Prenant 30 pour dénominateur commun, on voit qu'il suffira de multiplier les deux termes des quatre fractions par les nombres 6 pour la première, 5 pour la deuxième, 3 pour la troisième et 2 pour la quatrième, ce qui donnera $\frac{18}{30}$, $\frac{25}{30}$, $\frac{21}{30}$ et $\frac{8}{30}$.

EXERCICES SUR LES RÉDUCTIONS DES FRACTIONS
(*Arith.*, p. 78) [1].

156. $28 = \frac{28 \times 15}{15} = \frac{420}{15}$.   **158.** $\frac{62}{9} = 7 \frac{4}{9}$.

157. $15 \frac{7}{8} = \frac{127}{8}$.   **159.** $15 \frac{7}{12} = \frac{187}{12}$.

[1] Dans les réductions des fractions au même dénominateur, nous

140. $\frac{360}{1960} = \frac{9}{49}$.

141. $\frac{246}{358} = \frac{123}{179}$.

142. $\frac{855}{12600} = \frac{19}{280}$.

143. $\frac{315}{1980} = \frac{7}{44}$.

144. R. $\frac{77}{88}$ et $\frac{72}{88}$.

145. R. 1° Elle augmente. 2° Elle diminue (*voy. Comp.*, n° 17.)

146. R. $\frac{432}{720}, \frac{630}{720}, \frac{320}{720}, \frac{315}{720}$.

147. R. $\frac{168}{420}, \frac{350}{420}, \frac{245}{420}, \frac{180}{420}$.

148. R. $\frac{432}{504}, \frac{441}{504}, \frac{448}{504}, \frac{462}{504}$.

149. R. $\frac{6237}{10395}, \frac{8910}{10395}, \frac{9240}{10395}, \frac{7560}{10395}, \frac{9009}{10395}$.

150. R. $\frac{112}{280}, \frac{105}{280}, \frac{245}{280}, \frac{220}{280}$.

151. R. 1° $\frac{34}{5}, \frac{61}{8}, \frac{381}{40}, \frac{157}{10}$. 2° $\frac{272}{40}, \frac{305}{40}, \frac{381}{40}, \frac{628}{40}$.

152. R. 1° $\frac{45}{124}, \frac{1}{3}, \frac{1}{3}$. 2° $\frac{135}{372}, \frac{124}{372}, \frac{124}{372}$.

PROBLÈMES SUR L'ADDITION DES FRACTIONS

(*Arith.*, p. 84).

153. 1° $\frac{4}{12} + \frac{5}{12} + \frac{7}{12} + \frac{9}{12}, = \frac{4+5+7+9}{12}, = \frac{25}{12} = 2\frac{1}{12}$.

2° $\frac{5}{6} + \frac{4}{9} + \frac{5}{18} + \frac{17}{36}$ ou $\frac{30}{36} + \frac{16}{36} + \frac{10}{36} + \frac{17}{36}, = \frac{30+16+10+17}{36}$

$= \frac{73}{36}$ ou $2\frac{1}{36}$.

154. $15\frac{5}{6} + 17\frac{7}{8} + 16\frac{15}{16} + 22\frac{13}{24}$ ou $(15 + 17 + 16 + 23) + \frac{5}{6} + \frac{7}{8} + \frac{15}{16} + \frac{13}{24}$ ou enfin $71 + \left(\frac{40+42+45+26}{48}\right) = 71 + \frac{153}{48}, = 71 + 3\frac{9}{48}, = 74\frac{9}{48} = 74\frac{3}{16}$.

155. $7\frac{8}{9} + 15\frac{3}{4} + 12 + 15\frac{7}{36} + 18\frac{9}{23}$ ou $(7 + 15 + 12 + 15 + 18) + \frac{8}{9} + \frac{3}{4} + \frac{7}{36} + \frac{9}{23}, = 67 + \left(\frac{736+621+161+324}{828}\right), = 67 + \frac{1842}{828}, = 67 + 2\frac{186}{828} = 69\frac{31}{138}$.

156. $6\frac{3}{4} + 15\frac{1}{2} + 17\frac{2}{3} + 23\frac{4}{5} + 32\frac{3}{7}, = (6 + 15 + 17 + 23 + 32) + \frac{3}{4} + \frac{1}{2} + \frac{2}{3} + \frac{4}{5} + \frac{3}{7}, = 93 + \left(\frac{315+210+280+336+180}{420}\right), = + 93\frac{1321}{420}, = 93 + 3\frac{61}{420}, = 96$ m. $\frac{61}{420}$.

157. $8\frac{3}{5} + 9\frac{5}{9} + 17\frac{7}{8} + 19\frac{5}{6}, = (8 + 9 + 17 + 19)$

avons pris le *plus petit dénominateur commun*. On pourra faire les mêmes exercices en prenant tout autre dénominateur *multiple* de celui que nous avons pris (*Arith.*, n°s 122 et 123).

$+ \frac{3}{5} + \frac{5}{8} + \frac{7}{8} + \frac{5}{6}, = 53 + (\frac{216+200+315+300}{360}), = 53$
$+ \frac{1031}{360}, = 53 + 2\frac{311}{360} = 55$ m. $\frac{311}{360}$.

158. $\frac{17}{8} + \frac{45}{7} + \frac{64}{9} + \frac{72}{6} + \frac{48}{5} + \frac{14}{3}, = 2\frac{1}{8} + 6$
$+ 7\frac{1}{9} + 12 + 9\frac{3}{5} + 4\frac{2}{3}, = (2 + 6 + 7 + 12 + 9 + 4)$
$+ \frac{1}{8} + \frac{3}{7} + \frac{1}{9} + \frac{3}{5} + \frac{2}{3}, = 40 (\frac{315+1080+280+1512+1680}{2520}),$
$= 40 + \frac{4867}{2520}, = 41\frac{2347}{2520}$.

159. $8\frac{3}{4} + 9\frac{5}{7} + 12\frac{5}{8} + 14\frac{13}{16} + 19\frac{11}{12} + 14\frac{1}{2},$
$= (8 + 9 + 12 + 14 + 19 + 14) + \frac{3}{4} + \frac{5}{7} + \frac{5}{8} + \frac{13}{16}$
$+ \frac{11}{12} + \frac{1}{2}, = 76 + (\frac{252+240+210+273+306+168}{336}), = 76$
$+ \frac{1451}{336}, = 80$ j. $\frac{107}{336}$.

PROBLÈMES SUR LA SOUSTRACTION
DES FRACTIONS (*Arith.*, p. 84).

160. 1° $\frac{8}{9} - \frac{5}{9}, = \frac{8-5}{9} = \frac{3}{9} = \frac{1}{3}$. 2° $\frac{7}{8} - \frac{3}{5}$ ou $\frac{35}{40}$
$- \frac{24}{40}, = \frac{35-24}{40} = \frac{11}{40}$. 3° $\frac{5}{6} - \frac{3}{4}$ ou $\frac{20}{24} - \frac{18}{24}, = \frac{20-18}{24}$
$= \frac{2}{24} = \frac{1}{12}$.

161. $43\frac{7}{8} - 26\frac{3}{5}, = (43 - 26) + \frac{35-24}{40}, = 17\frac{11}{40}$.

162. $67\frac{5}{6} - 26\frac{2}{3}, = (67 - 37) + \frac{5-4}{6}, = 30\frac{1}{6}$.

163. $234\frac{5}{6} - 75\frac{8}{9}, = (233 - 75) + \frac{99-48}{54}, = 158\frac{51}{54}$
$= 158\frac{17}{18}$.

164. $36\frac{4}{5} - 15\frac{2}{3}, = (36 - 15) + \frac{12-10}{15}, = 21\frac{2}{15}$.

165. $12\frac{4}{5} - 7\frac{11}{12}, = (11 - 7) + \frac{108-55}{60}, = 4$ m. $\frac{53}{60}$.

166. $65\frac{5}{7} - 38\frac{7}{8}, = (63 - 38) + \frac{96-49}{56}, = 25$ m. $\frac{47}{48}$.

167. $38\frac{5}{7} - 25\frac{3}{8}, = (38 - 25) + \frac{40-21}{56}, = 13\frac{19}{56}$.

168. $27\frac{3}{4} - 15\frac{5}{6} = (26 - 15) + \frac{42-20}{24}, = 11\frac{22}{24}$
$= 11$ j. $\frac{11}{12}$.

169. $\frac{25}{28} - \frac{5}{8}, = \frac{50}{56} - \frac{35}{56} = \frac{15}{56}$.

PROBLÈMES SUR LA MULTIPLICATION DES FRACTIONS.

170. 1° $85 \times \frac{2}{3} = \frac{85 \times 2}{3} = \frac{170}{3} = 56 \frac{2}{3}$. 2° $\frac{4}{7} \times 15 = \frac{4 \times 15}{7} = \frac{60}{7} = 8 \frac{4}{7}$. 3° $\frac{7}{8} \times \frac{8}{11} = \frac{7 \times 8}{8 \times 11} = \frac{56}{88}$.

171. 1° $64 \times \frac{5}{6} = \frac{64 \times 5}{6} = \frac{320}{6} = 53 \frac{2}{6}$ ou $53 \frac{1}{3}$. 2° $\frac{5}{6} \times \frac{3}{4} = \frac{5 \times 3}{6 \times 4} = \frac{15}{24}$ ou $\frac{5}{8}$.

172. $\frac{5}{7} \times 7 \frac{1}{2}, = \frac{5}{7} \times \frac{15}{2} = \frac{5 \times 15}{7 \times 2} = \frac{75}{14} = 5 \frac{5}{14}$.

173. $32 \frac{4}{9} \times 56 \frac{5}{8}, = \frac{292}{9} \times \frac{453}{8} = \frac{132276}{72} = 1837 \frac{1}{6}$.

174. $27 \times 7 \frac{5}{6}, = 27 \times \frac{47}{6} = \frac{27 \times 47}{6} = \frac{1269}{6} = 211$ fr. $\frac{1}{2}$.

175. $63000 \times \frac{3}{7}, = \frac{63000 \times 3}{7} = 27000$ fr.

176. $9 \frac{3}{4} \times 358 \frac{7}{8}, = \frac{39}{4} \times \frac{2871}{8} = \frac{111969}{32} = 3499$ fr. $\frac{1}{32}$.

177. $\frac{63}{79} \times \frac{37}{45}, = \frac{63 \times 37}{79 \times 45} = \frac{2331}{3555} = \frac{259}{395}$.

178. $384 \frac{13}{15} \times 14 \frac{3}{7} = \frac{5773}{15} \times \frac{101}{7} = \frac{583073}{105} = 5553 \frac{8}{105}$.

PROBLÈMES SUR LA DIVISION DES FRACTIONS.

179. 1° $\frac{17}{18} : 6 = \frac{17}{18 \times 6} = \frac{17}{108}$. 2° $\frac{12}{13} : 16 = \frac{12}{13 \times 16}, = \frac{12}{208} = \frac{3}{52}$.

180. $\frac{19}{25} : 12 = \frac{19}{25 \times 12} = \frac{19}{300}$.

181. 1° $32 : \frac{8}{9} = 32 \times \frac{9}{8} = \frac{32 \times 9}{8} = \frac{288}{8} = 36$. 2° $6 \frac{15}{17} : 4 \frac{3}{5}, = \frac{117}{17} : \frac{23}{5} = \frac{117}{17} \times \frac{5}{23}, = \frac{585}{391}, = 1 \frac{194}{391}$. 3° $\frac{12}{13} : \frac{41}{17}, = \frac{12}{13} \times \frac{17}{41} = \frac{204}{433}$.

182. $132 \frac{5}{7} : \frac{8}{11}, = \frac{929}{7} : \frac{8}{11} = \frac{929}{7} \times \frac{11}{8} = \frac{10219}{56} = 182 \frac{27}{56}$.

183. $7 \frac{2}{3} : \frac{5}{9}, = \frac{23}{3} \times \frac{9}{5} = \frac{207}{15} = 13 \frac{4}{5}$.

184. $\frac{62}{65} : \frac{2}{15}, = \frac{62}{65} = \frac{15}{2} = \frac{930}{130} = 7 \frac{2}{13}$.

185. $364 \frac{15}{22} : 13 \frac{5}{8}, = \frac{8023}{22} \times \frac{8}{109} = \frac{64184}{2398} = 22 \frac{714}{1199}$.

186. $26\,\frac{7}{8} : 15\,\frac{1}{2}, = \frac{215}{8} \times \frac{2}{31} = \frac{430}{248} = 1\,\frac{91}{124}.$

187. $238\,\frac{4}{5} : 32\,\frac{5}{6}, = \frac{1194}{5} \times \frac{6}{197} = \frac{7164}{985} = 7\,\frac{269}{985}.$

188. $365\,\frac{5}{6} : 62\,\frac{3}{4}, = \frac{2195}{6} \times \frac{4}{251} = \frac{8780}{1506} = 5\,\frac{625}{753}.$

PROBLÈMES SUR LES FRACTIONS (*Arith.*, p. 95).

189. $1^{\text{o}}\ 62\,\frac{3}{7} + 15\,\frac{4}{9} = 77\,\frac{55}{63}.$ $2^{\text{o}}\ 62\,\frac{3}{7} - 15\,\frac{4}{9} = 46\,\frac{62}{63}.$
$3^{\text{o}}\ 62\,\frac{3}{7} \times 15\,\frac{4}{9} = 964\,\frac{11}{63}.$ $4^{\text{o}}\ 62\,\frac{3}{7} : 15\,\frac{4}{9} = 4\,\frac{41}{973}.$

190. Puisque les $\frac{3}{5}$ de la propriété ont coûté 7800 fr., $\frac{1}{5}$ coûtera 3 fois moins ou $\frac{7800}{3}$, et les $\frac{5}{5}$ coûteront $\frac{7800 \times 5}{3}$, c'est-à-dire 7800 $: \frac{3}{5}$ ou 7800 $\times \frac{5}{3}, = \frac{780 \times 5}{3} = 260 \times 5$ ou 13000 fr.

191. Le 1er associé fournira les $\frac{3}{5}$ de 30.000 fr., ou 30.000 $\times \frac{3}{5} = 6000 \times 3$ ou 18000 fr.; et le 2e, 30.000 fr. — 18.000 fr. ou 12.000 fr.

192. Les $\frac{2}{3}$ des $\frac{4}{5}$ de $\frac{7}{8}$ se réduisent à $\frac{2 \times 4 \times 7}{3 \times 5 \times 8} = \frac{7}{3 \times 5}$ ou $\frac{7}{15}$; et les $\frac{7}{15}$ de 2640 seront $\frac{2640 \times 7}{15} = 1232.$

193. Réduisant $\frac{3}{4}$ en décimales, on a $46{,}75 \times 2{,}45 = 114$ fr., 5375 dix-millièmes ou 114 fr., 53 c. $\frac{3}{4}$ de cent.

194. Les 12 menuisiers auront 3500 $\times \frac{2}{5}$ ou 1400 fr.

Les 9 maçons auront 3500 $\times \frac{3}{10}$ ou 1050 fr.

Les 8 voituriers auront 3500 — (1400 + 1050) ou 1050 fr.

Chaque menuisier aura donc $\frac{1400}{12}$ ou 116 fr., 66 $\frac{2}{3}.$

Chaque maçon, $\frac{1050}{9}$ ou 116 fr., 66 $\frac{2}{3}$;

Et chaque voiturier, $\frac{1050}{8}$ ou 131 fr., 25 c.

N. B. Il est utile de remarquer qu'au lieu de multiplier 3500 par $\frac{2}{5}$ et par $\frac{3}{10}$, on serait parvenu au même résultat en multipliant ce nombre par 0,4 et par 0,3 ; car $\frac{2}{5} = 0{,}4$ et $\frac{3}{10} = 0{,}3$.

195. Puisque le joueur a perdu les $\frac{2}{5}$ de son argent, il lui en reste encore les $\frac{3}{5}$, or, il lui reste 24 fr. Ces 24 fr. expriment les $\frac{3}{5}$ de ce qu'il avait d'abord ; $\frac{1}{5}$ de son argent est $\frac{24}{3}$ ou 8 fr. et les $\frac{5}{5}$ sont 8×5 ou 40 fr. Le joueur avait conséquemment 40 fr.

196. La fraction $\frac{7}{8}$ est réductible en décimales : $\frac{7}{8} = 0,875$.

Le gain d'un jour de cet ouvrier sera $57,650 : 15,875 = 3$ fr., 63 cent. $\frac{19}{129}$ de cent.

197. 1° $\frac{9}{8}$ de fr. $= 1$ fr., 125 millièmes, et 12 m. $\frac{7}{8} = 12$ m., 875 millièmes. 12 m., 875 à 9 fr., 45 coûteront $9,45 \times 12,875$ ou 121 fr., 66875 cent-mill.

Or, le kilogramme de sucre vaut 1 fr., 125 mill. Pour 121 fr., 66875, on aura $121,66875 : 1,125$ ou 108 kil., 15 décag.

2° On peut aussi réduire 0,45 en fraction ordinaire, ce qui donnera $\frac{45}{100}$ ou $\frac{9}{20}$; et l'on aura : $12 \frac{7}{8} \times \frac{9}{20}$, $= \frac{103}{8} \times \frac{189}{20} = \frac{19467}{160}$.

Puis, $\frac{19467}{160} \times \frac{8}{9} = \frac{155736}{1440} = 108$ kilog. $\frac{3}{20}$.

198. Puisque les $\frac{4}{9}$ de la pièce coûte 248 fr., $\frac{1}{9}$ coûterait $\frac{248}{4}$, et la pièce entière coûterait $\frac{248 \times 9}{4} = 558$ fr. Or, la pièce contient 48 m. ; 1 m. a donc coûté $\frac{558}{48} = 11$ fr., 625 millièmes.

199. Le tailleur a 1 m. $\frac{5}{6} + \frac{3}{9} + 5 \frac{5}{6}$ ou 6 m. $+ \frac{15 + 6.15}{18} = 8$ m.

Or, le tailleur a besoin de 12 m. $\frac{7}{8}$; il lui faudra donc encore 12 m. $\frac{7}{8} - 8$ m. ou 4 m. $\frac{7}{8}$.

200. $\frac{1}{3} + \frac{2}{5} + \frac{1}{7}$ ou $\frac{35 + 42 + 15}{105} = \frac{92}{105}$. En représentant la totalité des élèves par l'unité ou $\frac{105}{105}$, on verra que les 26 élèves qui récitent sont les $\frac{105}{105} - \frac{92}{105}$ ou $\frac{13}{105}$ de la totalité. Si $\frac{13}{105}$ valent 26, $\frac{1}{105}$ sera $\frac{26}{13} = 2$ et les $\frac{105}{105}$ seront 2×105 ou 210 *élèves*, dont $210 \times \frac{1}{3}$ ou 70 *calculent*, $210 \times \frac{2}{5}$ ou 84 *écrivent* et $210 \times \frac{1}{7}$ ou 30 *étudient*.

201. Quand un 1ᵉʳ individu prend 150 fr. sur 4500 fr., il reste $4500 - 150$ ou 4350 fr. ; le 2ᵉ prend $4350 \times \frac{4}{15}$ ou 1160 fr. Alors il ne reste plus que $4350 - 1160$ fr. ou 3190 fr. Sur ce dernier reste, un 3ᵉ prend $3190 \times \frac{4}{15}$ ou 850 fr., 66 $\frac{2}{3}$; et il restera pour le 4ᵉ $3190 - 850, 66 \frac{2}{3}$

du 2339 fr. 93 ... Ainsi le [...] à 50 fr., le 2e à 60 fr., le 3e 850 fr., 66 ... et [...]

202. [...] Le bien du père étant représenté par 1 [...], le fils a $\frac{3}{5}$ et il reste $\frac{5}{5} - \frac{3}{5}$ ou $\frac{2}{5}$ pour la fille, qui a 25000 [...]. Puisque [...] valent 25000 fr., [...] vaudra [...] ou 12500 fr., et les $\frac{3}{5}$ vaudront 12500 fr. $\times$ 3 ou 37500. Ainsi le fils ayant 37500 fr., le père avait $25000 + 37500$ fr. $= 62500$ fr. [...]

203. Lorsque l'on prend $\frac{1}{3}$ d'une somme, il en reste [...], et si l'on prend les $\frac{2}{3}$ du reste, il en représente $\frac{15}{15} - \left(\frac{5}{15} + \frac{4}{15}\right) = \frac{6}{15}$ ou $\frac{2}{5}$. Le reste 29 exprime donc les $\frac{2}{5}$ de la somme, de sorte que [...] vaut $\frac{29}{...}$ et [...] valent [...] $= 72,5$. [...]

204. $\frac{1}{3} + \frac{1}{4}$ ou $\frac{2}{4} + \frac{1}{4} = \frac{3}{4}$. Retranchons 6 de 36 et le reste 30 sera les $\frac{3}{4}$ du nombre demandé. Le $\frac{1}{4}$ du nombre sera donc $\frac{30}{3}$ ou 10, et le nombre sera 10×4 ou 40.

205. Le quotient doit être [...] $\times \frac{3}{5} \times 28$ [...] ou [...] $= 51 \frac{3}{7}$. Le nombre demandé est donc 51 [...]

206. Si $\frac{3}{5}$ de mètre coûtent 45 fr., [...] coûtera [...] et 1 mètre coûtera $\frac{45}{3} \times 4$, ou 15 fr. $\times 4 = 60$ fr. Par conséquent [...] de filet coûteront $60 \times$ [...]

207. Cet homme gagne [...] ou $\frac{4}{5} \times$ [...] ou [...] par jour. Pour gagner 42 fr., il emploiera 42 [...]. [...] la totalité des élèves par l'unité ou [...] on verra [...] Le litre coûte [...] ou 245 fr. [...] coûteront [...]

208. [...] ou [...]. Puisque les $\frac{2}{3}$ de l'argent valent 7200 fr., [...] vaudra [...] ou 360 fr., et les 5 vaudront 360×5 ou 1800 fr. Cette personne avait donc 1800 fr. [...] il reste [...]

210. La somme des fractions $\frac{1}{3} + \frac{1}{4}$, et il reste [...] égale [...]. Désignant par [...] ou [...] le nombre demandé, [...] que le reste [...] doit rester par 8 [...] Puisque [...]

ce nombre est 3, les $\frac{24}{24}$ seront 3×24 ou 72. Ce nombre est donc 72.

211. On a acheté $219 \frac{1}{5} \times \frac{7}{8}$, ou $\frac{1098}{5} \times \frac{7}{8}$, ou $\frac{7672}{40}$ de mètre, qu'on revend 6 fr. $\frac{2}{5}$ le mètre. On gagnera donc $\left(\frac{7672}{40} \times \frac{32}{5}\right) - 959$ fr., ou $\left(\frac{9590}{5} \times \frac{32}{5}\right) - 959 = 1227$ fr. 52 $- 959$, ou, enfin, 268 fr., 52 c.

212. Les $\frac{4}{9}$ de la pièce $= 425 \frac{7}{8} \times \frac{4}{9}$ ou $\frac{3407}{8} \times \frac{4}{9} = \frac{13628}{72}$, ou $\frac{3407}{18} = 189$ m. $\frac{5}{18}$. Or 425 m. $\frac{7}{8} - 189$ m. $\frac{15}{18}$, ou 425 $\frac{63}{72} - 189 \frac{20}{72} = 236$ m. $\frac{43}{72}$. Ce dernier nombre 236 m. $\frac{43}{72}$ a été vendu à 2 fr. $\frac{1}{5}$ le mètre, on a donc reçu $2 \frac{1}{5} \times 236 \frac{43}{72}$, ou $\frac{11}{5} \times \frac{17035}{72} = 520$ fr. $\frac{37}{72}$.

Les 189 m. $\frac{5}{18}$ avaient été vendus pour 364 fr. $\frac{5}{8}$ ou 364 fr. $\frac{45}{72}$.

1° La pièce a donc été vendue $520 \frac{37}{72} + 364 \frac{45}{72}$ ou 885 fr. $\frac{5}{36}$.

2° Les $\frac{7}{8}$ auraient coûté $885 \frac{5}{36} \times \frac{7}{8} = 774$ fr. $\frac{143}{288}$.

213. Les 3 personnes ont acheté $\frac{1}{4} + \frac{1}{5} + \frac{1}{3}$, ou $\frac{15 + 12 + 20}{60} = \frac{47}{60}$ de la pièce. Il ne reste plus que $\frac{60}{60} - \frac{47}{60}$ ou les $\frac{13}{60}$ de la pièce.

Or ces $\frac{13}{60}$ ont été vendus 32 fr., 50 et contenaient 26 m.; $\frac{1}{13}$ vaut donc $\frac{26}{13}$ ou 2 m.; et la pièce entière 2×60 ou 120 m. De plus, 1 m. coûte $\frac{32.50}{26}$ ou 1 fr., 25. Ainsi la pièce a été vendue $1,25 \times 120$ ou 150 fr.

La 1re personne avait $\frac{120}{4}$, ou 30 m. pour $1,25 \times 30 = 37$ fr., 50.

La 2e avait $\frac{120}{5}$, ou 24 m. pour $1,25 \times 24 = 30$ fr., 00.

La 3e avait $\frac{120}{3}$, ou 40 m. pour $1,25 \times 40 = 50$ fr., 00.

214. On a payé $2 \frac{4}{5} \times 452 \frac{3}{4}$ ou $2,80 \times 452,75 = 1247$ fr., 70.

On revend $452,75 - 8,875$ ou 443 lit., 875 pour $(3 \frac{3}{8} = 3,375)$ $3,375 \times 443,875$ ou 1498 fr., 078125. On gagnera donc $1498,078125 - 1247,70$ ou 250 fr., 378125, ou, enfin, 250 fr., 38 cent.

215. 1° L'hectolitre coûtera $347 \frac{5}{9} : 24 \frac{4}{9}$ ou 14 fr. $\frac{54}{279}$.

2° 15 hect. $\frac{3}{5}$ coûteront $14 \frac{54}{279} \times 15 \frac{3}{5} = 268$ fr., 80 $\frac{120}{279}$.

216. Les $\frac{4}{9}$ des ouvriers, ou $648 \times \frac{4}{9}$ ou 288 ouv. ont gagné (réduisons en décim.) $2,25 \times 27,5 \times 288 = 17820$ fr. Les $\frac{3}{8}$ de 648 ou 243 ouv. ont gagné $3\frac{2}{5} \times 29\frac{2}{3} \times 243$, ou 24510 fr., 60. Les autres ouvriers, c'est-à-dire, $648 - (288 + 243)$, ou 117 ouv. ont gagné $3,80 \times 26,60 \times 117$, ou 11826 fr., 36. Enfin les 648 ouv. ont gagné $17820 + 24510,60 + 11826$ fr., 36, ou 54156 fr., 96 cent.

217. Le litre revient à $\frac{280}{140}$ ou 2 fr. Cette personne revendra $140 \times \frac{3}{5}$ ou 84 lit. pour $2,10 \times 84 = 176$ fr., 40 c.

218. $\frac{1}{7}$ de la pièce aurait coûté $\frac{2800}{4}$ ou 700 fr.; la pièce entière aurait coûté 700×7 ou 4900 fr. Par conséquent, les $\frac{5}{8}$ auraient coûté $4900 \times \frac{5}{8}$ ou 3062 fr., 50 c.

219. Ce voyageur fait 9 kilom. en 2 heures; en une heure, il fera $\frac{9}{2}$ kilom. Pour faire 437 kilom. $\frac{4}{7}$, il mettra $437\frac{4}{7} : \frac{9}{2} = 97$ h. $\frac{15}{21}$, ou 97 h. $\frac{5}{7}$.

220. En un jour, cet ouvrier fera $\frac{4}{9} \times 9\frac{4}{7}$ ou 4 m. $\frac{16}{63}$. Pour faire 29 m. $\frac{4}{5}$, il mettra $29\frac{4}{5} : 4\frac{16}{63}$ ou 7 j. $\frac{7}{1340}$.

221. Cette personne gagne $2 : \frac{4}{5}$ ou 2 fr. $\frac{1}{2}$ par mètre. Elle a revendu son drap $121 : 4\frac{5}{7}$ ou 25 fr. $\frac{2}{3}$ le mètre. Elle avait donc payé le mètre $25\frac{2}{3} - 2\frac{1}{2}$ ou 23 fr. $\frac{1}{6}$.

PROBLÈMES RELATIFS AUX MESURES MÉTRIQUES

(*Arith.* p. 114).

222. Réduisant les trois nombres en mètres, on a $346520 + 9450 + 67489 = 423459$ mètres, ou 423 kil., 459 mètres.

223. Le mètre coûte $0,15 \times 100$ ou 15 fr. Les 36 m. 45 coûteront $15 \times 36,45 = 546$ fr. 75.

224. 340 kil. $= 34$ myriam. Le voyageur gagnera $1,40 \times 34 = 47$ fr. 60.

225. Le myriamètre coûte $150000 : 4$ ou 37500 fr.; le kilom., 3750 fr.; l'hectom., 375 fr.; le décam. 37 f. 50; et le mètre, 3 fr. 75.

226. Le prix de l'are est 4500 : 500 ou 9 fr.

227. La cour contient 100 mèt. carrés, ou 100 × 100 ou 10000 décim. carrés.

Ainsi il faudra 10000 : 3 ou 3333 pierres 1/3.

228. Puisque l'hectare vaut 10000 m. carrés; et le centiare, 1 mètre carré, le verger convient 10025 mètres carrés; il coûtera donc 15,65 × 10025 = 156891 fr. 25 c.

229. Chaque personne aura 250618 mèt. car. : 8 ou 31327 mèt. car., 25 ou 3 hectares 13 ares 27 centiares 25 décimètres carrés.

230. Les 8 ouvriers, en 8 heures, ont fait autant d'ouvrage qu'un ouvrier qui travaillerait pendant 8 fois 8 heures ou 64 heures. Ils ont donc enlevé 850 × 64 ou 54400 décimètres cubes. Il reste à enlever 350 — 54, 400 ou 350000 — 54400 = 295600 décimèt. cubes. Les 4 autres ouvriers, en 16 heures, feront autant d'ouvrage qu'un ouvrier qui travaillerait pendant 4 fois 16 heures, ou 64 heures. Chacun de ces derniers a donc enlevé 295600 : 64 ou 4 mèt. cub., 618 déc. c. par heure.

231. Les 48 hectol. ou 4800 litres coûteront 0,35 × 4800 = 35 × 48 ou 1680 fr.

232. On devra, pour la vente de 38 hectol. ou 3800 lit., retirer 750 + 200 ou 950 fr. Il faudra revendre le litre 950 : 3800 = 0 fr., 25 cent.

233. Le bassin contient 4000 décimètres cubes ou litres. Il faudra 4000 : 25 ou 160 heures.

234. Les 15 hectol., 45 litres ou 154 décal., 5 lit. ont coûté 3 × 154,5 = 463 fr., 50 c. On revend les 1545 lit. 0,35 × 1545 ou 540 fr. 25. On gagnera 540,25 — 463,50 = 77 fr. 25.

235. 1 stère ou 10 décist., plus 52 décist., font 62 décist. On payera donc 2,25 × 62 ou 139 fr., 50.

236. Un décimètre cube ou litre d'eau distillée, etc., pèse 1 kilog.; 2 litres pèseraient deux kilog. Or le métal dont il s'agit est 4 fois et 1/2 ou 4 fois, 5 dixièmes de fois

plus lourd que l'eau. Les deux décim. cubes pèsent
donc 2 × 4,5 ou 9 kilog.

257. Le poids d'une pièce de 5 francs, en argent, est
5 × 5 ou 25 grammes.
Celui d'une pièce de 2 francs, est 5 × 2 ou 10 gr.
Celui d'une pièce de 0 fr. 50 cent. est 5 × 0,50 ou
2 gr., 5 décig.
Celui d'une pièce de 0 fr. 20 cent. est 5 × 0,20 ou 1 gr.

258. 14035 décag. se réduisent à 140 kilog. 35. Le
prix demandé sera 0,45 × 140,35 = 63 fr. 1575 ou
63 fr. 16.

239. Si 100 kilog. valent 45 fr., 1 kilog. vaudra $\frac{45}{100}$ ou 0 fr. 45; 15 kilog. 35 coûteront 0,45 × 15,35
= 6 fr. 9075 ou 6 fr. 91.

240. Si ce vin était aussi lourd que l'eau, les
15 hectol. 25 ou 1525 litres pèseraient 1525 kilog.; mais
il n'en pèse que les 0,98.
Le poids demandé sera 0,98 × 1525 = 1494 kilog.
5 hectog.

241. Une pièce de 5 fr. pèse 25 gr.; elle renferme
25 × 0,9 = 22 gr., 5 décig. d'argent pur.

242. Si les pièces de 10 fr., de 20 fr. et de 40 fr. étaient
en argent, leurs poids respectifs seraient de 50 gram.,
100 gram. et 200 gram. La pièce de 10 fr. pèse $\frac{50}{15,5}$ ou 3 gr., 2258; celle de 20 fr. pèse $\frac{100}{15,5}$ ou
6 gr., 4516; et enfin, celle de 40 fr. pèse $\frac{200}{15,5}$
ou 12 gr., 9032.

N. B. — On opérerait de la même manière, si l'on voulait déterminer les poids des pièces de 50 fr. et de 100 fr.
Il est d'ailleurs facile de comprendre que le poids de la
pièce de 50 fr. est 5 fois celui de la pièce de 10 fr.; et
que celui de la pièce de 100 fr. est 10 fois celui de la
pièce de 10 fr.; de même que la pièce de 5 fr. en or a
un poids = à la moitié de 3 gr., 2258 ou 1 gr., 6129.

243. Le franc, qui pèse 5 gram., renferme 1 dixième
de cuivre; il ne contient donc que 5 × 0,9 ou 4 gram. 5

d'argent pur. Or, supposons que la valeur du cuivre soit nulle, en raison de sa petite quantité, les 2 kilog. ou 2000 gr. d'argent pur vaudront 2000 × 0,2222... 444 fr., 44. Multipliant par 15,5 cette dernière quantité, on aura la valeur des 2 kilog. ou 2000 gr. d'or pur, ce qui donnera 444,444... × 15,5 = 6888 fr., 88.

244. 8 ares 25 centiares est la même chose que 825 mètres carrés, on a donc 825 × 100 ou 82500 décocar. Ainsi il faudra 82500 : 8 ou 10312 betteraves, reste 4 décim. carr.

245. Un hectom. car. est un hectare ou 10000 m. car. =

Le 1er lot coûtera 12 × 1900 ou ... 22800 fr.

Le 2e ... 9,50 × 4800 ou ... 45600 fr.

Le 3e, qui = 10000 — (1900 + 4800) ou 3300 mèt. carr. coûte 7,25 × 3300 ou ... 23925 fr.

Le terrain coûte ... + ... 92325 fr.

246. Les 365 quintaux valent (36500 kilog., ou 3650 myriag. La valeur demandée sera 13,25 × 3650 ou 48362 fr., 50.

247. On payera 0,1 × 4250 ou 425 fr.

248. Le kilog. coûte 325 : 100 ou 3 fr., 25; et le décagr., 3,25 : 100 ou 0 fr., 0325. On devra revendre le décagr. 0,1 + 0,0325 ou 0 fr., 1325 et le kilog. 0,1325 × 100 ou 13 fr., 25.

249. Puisque le centimètre cube pèse 3 gr., 5, le décimètre cube pèserait 3,5 × 1000 ou 3500 gr., et le mètre cube, 3500 × 1000, ou 3.500.000 gr., ou 3500 kilog. Un centième de mètre cube pèserait 3500 : 100 ou 35 kilog.; et le dixième, 3500 : 10, ou 350 kilog.

250. 13 décast. valent 130 st. ou 1300 décist. On payera 2,43 × 1300, ou 243 × 13 = 3159 fr.

251. Au lieu de peser 5500 kilog., si la température diminue le poids de 0,02, les 5 m. c., 5 ou 5500 décim. cub. ne pèseront que 5500 × 0,98, ou 55 × 98 = 5390 kilog.

252. Le mètre étant la 10000000e partie du 1/4 du méridien terrestre, ce méridien (ou circonférence de la

terre passant par les pôles) sera 10000000 × 4 ou 40000000 de mètres, ou 40000 kilom., ou, enfin, 4000 myriam.

253. On revend le décalitre 25 fr., 60 ou 2 fr., 56 le litre, on gagnera par litre 2,56 — 1,75, ou 0 fr., 81. Sur le mètre cube, ou 1000 litres, on gagnera 0,81 × 1000 ou 810 fr. (*Arith.*, 161. *N. B.*)

254. 4/5 = 0,8 et les 0,8 de 40025 centiares (*Arith.*, p. 170) seront 40025 × 0,8 ou 32020 centiares. Le reste 40025 — 32020 ou 80 ar., 05 centiares, devra être vendu (1795 : 5) + (80,05 × 1) ou 448 fr., 75 + 80 fr., 05 = 528 fr., 80 c.

255. Il faudra revendre les 3 kilog., ou 3000 gr., 175 + 80 fr., ou 255 fr. On revendra donc les médicaments 255 : 3000, ou 0 fr., 085 le gramme.

256. Les 8 décal. valent 80 lit. ou 800 décil. Il faudra revendre la totalité 95 + 72 ou 176 fr.; et le décilitre, 167 : 800 = 0 fr., 20875 ou 0 fr., 21 c.

257. En prenant le décimètre cube pour unité, on aura 0,85 × 6787,589 = 5769 fr., 45065, ou 5769 fr., 45 c.

258. Si le fer n'était pas plus lourd que l'eau les 43 kilog. 3/7 égaleraient 43 décim. cubes 3/7 ; mais comme il est 7 fois 3/7 plus lourd, le volume sera 7 fois 3/7 de fois plus petit. On a donc 43 3/7 : 7 3/7 ou 5 déc. cub., 818 c. cub., 68 centièmes de cent. cub. ou 5818 cent. cub., 68. L'ouvrier devra recevoir 0,23 × 5846, 15 ou 1344 fr., 6155 dix-mill.

259. Puisque le décimètre cube ou litre d'eau pèse 1 kilog., le décimètre cube d'acier pèsera 7 kilog., 67 décag.

260. Il mettra 7000 : 65 ou 107 min., 69.

261. En prenant le décistère pour unité, on a 8,35 × 24,7024 ou 206 fr., 265.

262. 1° Le lingot pèse 25 gr. et renferme 25 × 0,8 ou 20 gr. d'or pur. Or, une pièce d'argent de 1 fr. renferme 5 × 0,9 ou 4 gr., 5. Si les 20 gr. d'or pur étaient d'argent pur, ils vaudraient 20 : 4,5 ou 44 fr., 444... Mais l'or vaut 15 fois, 5 fois de plus que l'argent. Les 20 gr. d'or pur vaudront donc 4,444... × 15,5 ou 68 fr., 888.....

2° On arriverait au même résultat en partant de ce principe que 0 gr., 9 décig. d'argent pur valent 0 fr., 20 et en or pur 0 gr., 9 valent 0,20 × 15,5 ou 3 fr., 10, ce qui reviendrait à multiplier $\frac{31}{9}$ par 20 et qui donnerait $\frac{3,10}{0,9}$ × 20, ou $\frac{31}{9}$ × 20, = 68 fr., 888.....

263. 1° 3000 fr., en argent, pèsent 3000 × 5 ou 15000 gr. = 15 kilog. Ajoutant à 15 kilog. le poids du sac, on aura 15 kilog., 07 décag.

2° 3000 fr. en pièces de 5 fr., en or, pèseraient 15,5 fois moins ou 15,00 : 15,50 = 967 gr., 74. Si donc les pièces de 5 fr. étaient en or, le sac ne pèserait que 0 kil., 967 gr., 74 + 0 kilog., 07 décag. ou 1 kil., 037 gr. 74 centigr.

264. Les 260 gr. expriment les 0,85 de l'alliage demandé. 0,01 de cet alliage sera donc 260 : 85 ou 3 gr., 059; et 1 — 0,85 ou 0,15 seront 3,059 × 15 ou 45 gr., 88 centigr. Or, 260 + 45,88 = 305 gr., 88; et comme la fonte doit produire une diminution de 2 gr., 5, le nouveau lingot pèsera 305, 88 — 2,5 = 303 gr., 38, après qu'on aura fondu 260 gr. d'or avec 45 gr., 88 centig. de cuivre.

265. La ménagère prendra sur 8 fr. les sommes suivantes :

1° 1,80 × 0,75 ou 1 fr., 35; 2° 1,60 × 0,45 ou 0 fr., 72; 3° 2,20 × 0,25 ou 0 fr., 55; 4° 3 × 0,75 ou 2 fr., 25.

Il lui restera donc 8 — (1,35 + 0,72 + 0,55 + 2,25), ou 8 — 4 fr., 87 = 3 fr., 13.

266. Si le litre coûte 4 fr., le décilitre coûtera 0 fr., 40, le double décilitre 0 fr., 80, et le demi-décilitre, 0 fr., 20 cent.

267. Les 3 pièces contiennent 218 × 3 ou 654 lit. Retranchant 4 × 3 ou 12 litres de lie, il reste 654 — 12 ou 642 litres, qui donneront 642 : 0,75 ou 856 bouteilles de 0 lit., 75 centil. chacune. Or, on veut gagner $785 \times 3/4$ ou $785 \times 0,75$, ou, enfin, 588 fr., 75. On devra, dans la vente, retirer $588,75 + 785 + 75$, ou 1448 fr., 75 ; il faudra conséquemment revendre la bouteille $1448,75 : 856 = 1$ fr., 692, ou 1 fr., 70 cent.

268. Si l'on mettait à la suite les unes des autres 45 pièces de 40 fr., on aurait une longueur de $0,026 \times 40$ ou 1170 millimètres ; on aurait $1170 - 1000$ ou 170 millimètres de plus que 1 mètre ou 1000 millim. Chaque pièce de 40 fr. remplacée par une de 20 fr., produira sur la longueur une diminution de $26 - 21$ ou 5 mill. On a donc $170 : 5 = 34$ et $45 - 34 = 11$.

Ainsi il faudra prendre 34 pièces de 20 fr. et 11 pièces de 40 fr. D'ailleurs, les 34 pièces de 20 fr. donnent une longueur de $0,021 \times 34$ ou 0 m., 714 et 11 pièces de 40 fr. donnent $0,026 \times 11$ ou 0 m., 286, et l'on a 0 m., $714 + 0$ m., $286 = 1$ m., 000.

269. Ce bassin contient 6 mètres cubes ou 6000 litres d'eau. Quand on ouvre les deux robinets, il sort 1 litre d'eau en 3 minutes et il en rentre 0 lit., 015 millilitres ou centimètres cubes, pendant le même temps. De sorte qu'en 3 minutes, la quantité d'eau du bassin a diminué de (1 lit. vaut 1000 centim. cubes) $1000 - 15$ ou 985 centimètres cubes. Ainsi, en divisant 6000 lit. ou 6000000 centim. cub. par 985, le quotient exprimera le nombre de fois 3 minutes, après lesquelles le bassin sera vide. On aura donc $6000000 : 985 = 6091,38$, et ensuite $6091,38 \times 3$, ou 18274 min., 15, ou $18274, 15 : 60 = 304$ heures, 569 millièmes.

270. La 1re pompe enlevant 100 litres d'eau en 5 minutes, en enlèvera $100 : 5$ ou 20 lit. en 1 minute, et 20×3 ou 60 lit. en 3 minutes. Pendant ce même temps, il rentre dans le bassin 0 lit., 097×3 ou 0 lit., 291.

En 3 minutes, l'eau du bassin a diminué de $70 - 0,291$ ou 69 lit., 709 ; et, en 1 minute, elle diminuera de $69,709 : 3$ ou 23 lit., 236. Le bassin contient 12000 litres ; il sera vide au bout de 12000 : 23,236 ou 516 minutes, 44 centièmes de minute.

271. Le mètre cube vaut 10 hectolitres. Les 10 hectol. valent 32×10 ou 320 fr. Le paysan perd $320 - 150$ ou 170 fr.

272. Il faudra $230 : 0,36$, ou 638,88, ou enfin 639 demi-bouteilles.

273. 2 centièmes de mètre cube valent 2 fois la centième partie de 1000 décimètres cubes ou 10×2 ou 20 décim. cub. Or, le décim. c. d'eau pèse 1 kilog., les 20 décim. c. pèseront donc $20 \times 7\ 5/7 = 154$ kilog. 2/7, ou $20 \times 7,714 = 154$ kilog., 28 décag.

274. Le négociant veut gagner $2500 \times 5/8$ ou $2500 \times 0,625$, $= 1562$ fr., 50.

Il devra revendre le mètre $(2500 + 1562,5) : 123$, ou $4112,50 : 123 = 33$ fr., 43.

275. Si les 125 décag. ou 1250 gr. étaient d'argent pur, ils vaudraient $1250 : 4,5$ (v. probl. 262) ou 277 fr., 777..... En or pur, le lingot vaudra $277,777 \times 15,5$ ou 4305 fr., 55 cent.

PROBLÈMES SUR LES MESURES DE DURÉE

(Arith., p. 121).

276. Il y a dans 85 années : 1° 12×85 ou 1020 mois; 2° (A cause des années bissextiles, nous compterons les années de 365 jours ¼ ou 365 j. 6 heures) $365,25 \times 85 = 31046$ jours et ¼.

3° $365 \times 24) + 6$ ou $8766 \times 85 = 745410$ heures.

4° 745410×60 ou 44.706.600 minutes.

5° $44.706.600 \times 60$ ou 2.682.396,000 secondes.

277. Il y a dans un an $(365 \times 24 \times 60) + 6 \times 60$ ou 525960 minutes. Donc un homme qui a $1857 - 1800$ ou 57 ans 525960×57 ou 29.959.200 minutes.

277a. Cet ouvrier travaille 365 — (52 + 8) ou 305 jours, par an. Dans un an il gagne 3,75 × 305 ou 1143 fr., 75 ; et dans 12 ans, il gagnera 1143,75 × 12 = 13725 fr.

277b. Il y a dans un an 525960 minutes. Le rentier a 0,01 × 525960 ou 5259 fr., 60 cent. de revenu annuel.

277c. L'année astronomique a (60 × 24 × 365) + (60 × 5) + 48, ou 525948 minutes ; et (525948 × 60) + 47 = 31.556.927 secondes. La distance parcourue sera 31.556.927 × 66 ou 2.082.757 kilom., 182 mètres.

MÉTHODE DE L'UNITÉ.

Arith., p. 126).

PROBLÈMES SUR LES RÈGLES DE TROIS.

284. Si 42 ouv. font 1564 m., un ouvrier fera $\frac{1564}{42}$ m. ; et 36 ouv. en feront 36 fois plus, ou $\frac{1564 \times 36}{42} = \frac{1564 \times 6}{7} =$ 1340 m., 57 $\frac{1}{7}$.

285. Puisqu'il a fallu 56 ouv. pour faire 950 m., il faudrait, pour faire 1 m., 950 fois moins d'ouv. ou $\frac{56}{950}$; et pour faire 1260 m., il faudra 1260 fois plus d'ouv., ou $\frac{56 \times 1260}{950} =$ 74 ouv., 27 $\frac{7}{19}$.

286. On a eu 185 m. pour 560 fr. ; pour 1 fr., on aura 560 fois moins de mètres ou $\frac{185}{560}$ m. ; et, pour 1000 fr., on aura $\frac{185 \times 1000}{560} =$ 330 fr., 35 $\frac{5}{7}$.

287. Pour faire cet ouvrage, 1 ouvrier mettrait 25 fois 35 jours ou 35 × 25, et 46 ouv. mettraient 46 fois moins de jours ou $\frac{35 \times 25}{46}$, ou, enfin, 19 jours $\frac{1}{46}$.

288. En un jour, ces personnes ont dépensé $\frac{284}{67}$; et, en 365 jours, elles dépenseront $\frac{284 \times 365}{67} =$ 1552 fr., 61 $\frac{13}{67}$.

289. 1 ouv. fait $\frac{360}{6}$ m. en 24 jours ; en 1 j., il ferait $\frac{360}{6\times24}$ m.; en 32 jours, il ferait $\frac{360\times32}{6\times24}$ m., et 6+7 ou 13 ouv. feront $\frac{360\times32\times13}{6\times24}=20\times13\times4$, ou 1040 mètres.

290. 1 ouv. ferait $\frac{980}{12}$ m., en 18 jours; en 1 j., 1 ouv. ferait $\frac{980}{12\times18}$ m.; et, en 32 j., il ferait $\frac{980\times32}{12\times18}$ m.; en travaillant 1 heure par jour, 1 ouv. ferait $\frac{980\times32}{12\times18\times11}$ m.; en travaillant 12 heures, il fera $\frac{980\times32\times12}{12\times18\times11}$ m.; 16 ouv. feront $\frac{980\times32\times12\times16}{12\times18\times11}$ | $\frac{980\times32\times8}{11\times9}$ | 2534 m., 14 $\frac{14}{99}$.

291. Pour faire 1 m., il faudra $\frac{14}{840}$ ouv.; et pour faire 1500 m., il faudra $\frac{14\times1500}{840}$ ouv.; pour faire cet ouvrage en 1 jour, il faudrait $\frac{14\times1500\times26}{840}$ ouv.; et, en 27 jours, il en faudrait $\frac{14\times1500\times26}{840\times27}$ ouv.; en ne travaillant que 1 h. par jour, il faudrait $\frac{14\times1500\times26\times9}{840\times27}$ ouv.; et, en travaillant 12 heures, il faudra $\frac{14\times1500\times26\times9}{840\times27\times12}=\frac{25\times13}{6\times3}=18$ ouv. $\frac{1}{18}$.

292. Pour faire 486 m., 1 ouv. emploierait 34×24 j.; et pour faire 1 m., il mettrait $\frac{34\times24}{486}$ jours, en travaillant 12 heures par jour; s'il ne travaillait qu'une heure, il mettrait $\frac{34\times24\times12}{486}$ j.; en travaillant 10 h. par j., il mettrait $\frac{34\times24\times12}{486\times10}$ jours. Pour faire 832 m., 1 ouv. mettrait $\frac{34\times24\times12\times832}{486\times10}$ jours; et 18 ouvriers seront $\frac{34\times24\times12\times832}{486\times10\times18}=\frac{4\times17\times2\times832}{542\times3}=93$ jours, 12 cent. $\frac{8}{81}$.

293. 1 mètre aurait coûté $\frac{1500}{142}$ fr., et 78 m. coûteraient $\frac{1500\times78}{142}$ fr. Si le drap n'avait que 1 centimètre de large, les 78 m. coûteraient $\frac{1500\times78}{142\times120}$ fr.; et s'il a 1 m., 12 ou 112 cent., les 78 m. coûteraient $\frac{1500\times78\times112}{142\times120}=\frac{25\times39\times56}{71}$ ou 769 fr. $\frac{1}{71}$.

294. 1 mètre coûte $\frac{375}{25,50}$; 19 m., 75 coût. $\frac{375\times19,75}{25,50}$. Si le drap n'avait que 1 cent. de large, les 19 m., 75 coût. $\frac{375\times19,75}{25,50\times126}$; mais à 110 cent. de large, ils coûteraient $\frac{375\times19,75\times110}{25,50\times126}$ fr. Or, le prix de la 2e pièce ne vaut que les $\frac{4}{5}$ de celui de la 1re. On a donc $\frac{375\times1975\times110\times4}{2550\times126\times5}=\frac{5\times1975\times11\times2}{51\times21}=202$ fr., 847 millièmes.

PROBLÈMES SUR LES INTÉRÊTS.

300. L'intérêt de 1 fr. est $\frac{4,5}{100}$, ou 0 fr., 045; celui de 850 fr. est $0,045 \times 850 = 38$ fr., 25 c.

301. L'intérêt de 1 fr. étant 0 fr., 045, l'intérêt de 1960 fr. sera $0,045 \times 1960$, ou 88 fr., 20, en un an ; et, en 7 ans, il sera $88,20 \times 7 = 617$ fr., 40 centimes.

302. En 1 an ou 360 jours, l'intérêt de 1 fr. sera 0 fr., 045.

En 1 jour, l'intérêt de 1 fr. sera $\frac{0,045}{360}$ fr.; et, en 6 ans 7 mois 15 jours, ou (en comptant l'année de 360 j. et le mois de 30 j.) 2385 j., l'intérêt de 1 fr. sera $\frac{0,045 \times 2385}{360}$. L'intérêt de 12500 francs, en 2385 jours, sera donc $\frac{0,045 \times 2385 \times 12500}{360} = 3726$ fr., 5625 dix-millièmes.

303. Pour produire 1 fr. d'intérêt, il faudra $\frac{100}{5}$; et, pour rapporter 12560 fr., en 1 an ou 12 mois, il faudra $\frac{100 \times 12560}{5}$; en 1 mois, il faudrait $\frac{100 \times 12560 \times 12}{5}$; et, en 9 ans 6 mois ou 114 mois, il faudra un capital de $\frac{100 \times 12560 \times 12}{5 \times 114} = \frac{20 \times 12560 \times 2}{19} = 26442$ fr., 10 cent. $\frac{1}{19}$.

304. Dans ce problème, il s'agit de trouver le capital qui, en 4 ans 8 mois ou 56 mois, a produit 8500 francs d'intérêt, l'argent étant à 5 p. % par an. Appliquant à ce problème le même raisonnement qu'au précédent, on verra que la dette est $\frac{100 \times 8500 \times 12}{5 \times 56} = \frac{20 \times 4250 \times 3}{7} = 36428$ fr., 57 cent. $\frac{1}{7}$.

305. En 2 ans 5 mois ou 29 mois, l'intérêt de 1 fr. sera $\frac{551}{4500}$, et celui de 100 francs sera $\frac{551 \times 100}{4500}$; en 1 mois, l'intérêt de 100 fr. sera $\frac{551 \times 100}{4500 \times 29}$; et, en 12 mois, cet intérêt de 100 fr. (ou *taux*) sera $\frac{551 \times 100 \times 12}{4500 \times 29} = \frac{551 \times 4}{15 \times 29} = 5$ fr., 06 cent. $\frac{2}{3}$.

306. En raisonnant comme au problème précédent, on trouvera que le taux est $\frac{2025 \times 100 \times 12}{13500 \times 42} = \frac{15 \times 2}{7} = 4$ fr., 28 cent. $\frac{4}{7}$.

307. Pour rapporter 5 fr., 1 fr. mettrait 360×100

jours, et pour produire 1 fr., il mettrait $\frac{360 \times 100}{5}$ jours ; pour produire 8650 fr., 1 fr. mettrait $\frac{360 \times 100 \times 8650}{5}$ jours ; 24000 francs mettront 24000 fois moins de temps, ou $\frac{360 \times 100 \times 8650}{5 \times 24000} = 15 \times 173 = 2595$ jours ou 7 ans 2 mois 15 jours.

308. Même raisonnement qu'au problème précédent pour chacune des deux réponses.

1° A 5 p. $\frac{0}{0}$, il faudra $\frac{360 \times 100 \times 8000}{5 \times 8000} = 20$ ans.

2° A $4\frac{1}{2}$ p. $\frac{0}{0}$, il faudra $\frac{360 \times 100 \times 8000}{4,5 \times 8000} = 22$ ans 2 mois 20 jours.

309. L'intérêt de 1 fr. est $\frac{15}{100}$, en 12 mois ; et, en 1 mois, il sera $\frac{15}{100 \times 12}$.

L'intérêt de 1 fr. en 6 ans 8 mois ou 80 mois, sera $\frac{15 \times 80}{100 \times 12}$; celui de 5700 fr. sera $\frac{15 \times 80 \times 5700}{100 \times 12} = 5 \times 20 \times 57 = 5700$ fr.

Le rentier retirera $5700 + 5700$ ou 11400 fr.

310. L'escompte de 1 fr. est $\frac{6}{100}$, en 12 mois ; et $\frac{6}{100 \times 12}$, en 1 mois.

En 18 mois, l'escompte de 1 fr. sera $\frac{6 \times 18}{100 \times 12}$, et celui de 1500 fr. sera $\frac{6 \times 18 \times 1500}{100 \times 12} = 9 \times 15$ ou 135 fr. On devra recevoir $1500 - 135$ ou 1365 fr.

311. Du 18 février au 31 décembre, il y a 316 jours. Ici, il faut compter l'année de 365 jours. L'escompte de 1 fr., étant $\frac{5}{100}$ en 365 jours, sera $\frac{5}{100 \times 365}$, en 1 jour ; et $\frac{5 \times 316}{100 \times 365}$ fr., en 316 j. ; celui de 1250 fr. sera $\frac{5 \times 316 \times 1250}{100 \times 635} = 54$ fr., 10 c. On recevra $1250 - 54,10$ ou 1195 f., 40 c.

312. Au lieu de réduire le temps en jours, on peu considérer $\frac{1}{2}$ mois comme 0,5 de mois ; alors le temps sera 7 mois, 5, et l'on dira :

L'escompte de 2500 fr. est $2500 - 2406,25 = 93$ f., 75 c.

L'escompte de 1 fr. sera $\frac{9375}{2500}$; et celui de 100 fr., $\frac{9375 \times 100}{2500}$ ou $\frac{9375}{2500}$, en 7 mois et $\frac{1}{2}$; en 1 mois, l'escompte de 100 fr. sera $\frac{9375}{2500 \times 75}$; et, en 12 mois, $\frac{9375 \times 12}{2500 \times 75} = \frac{375 \times 2}{125} = 6$ fr., 032 mill.

PROBLÈMES SUR LES RÈGLES DE SOCIÉTÉ.

316. La somme des mises étant $5600 + 8500 + 7800$ ou 21900 fr., le gain de 1 fr. sera $\frac{14925}{21900} = \frac{199}{292}$ fr.;

Le 1er aura $\frac{199 \times 5600}{292} =$ 3816 fr., 44;

Le 2e, $\hspace{1em} \frac{199 \times 8500}{292} =$ 5792 fr., 81;

Le 3e, $\hspace{1em} \frac{199 \times 7800}{292} =$ 5315 fr., 75.

Gain total.... 14925 fr., 00.

N. B. Dans ce problème et les suivants, on a calculé 3 décimales, et l'on a supprimé la 3e d'après le principe du n° 139 de l'*Arith. élém.*

317. Le gain total est $1800 + 3000 + 4200$ ou 9000 fr.

Puisque 4500 fr. ont rapporté 9000 fr., pour rapporter 1 fr., il a fallu $\frac{4500}{9000} = 0$ fr., 50.

La mise du 1er était $1800 \times 0,5 =$ 900 fr.;

Celle du 2^e $\hspace{1em} 3000 \times 0,5 =$ 1500 fr.;

Celle du 3^e $\hspace{1em} 4200 \times 0,5 =$ 2100 fr.

Mise totale.......... 4500 fr.

318. Pour $42 + 38 + 45 + 48$ ou 178 journées, on a reçu 960 fr.

La journée d'un ouvrier sera $\frac{960}{173}$ fr.

Le 1er aura $\frac{960 \times 42}{173} =$ 233 fr., 06;

Le 2e, $\hspace{1em} \frac{960 \times 38}{173} =$ 210 fr., 87;

Le 3e, $\hspace{1em} \frac{960 \times 45}{173} =$ 249 fr., 71;

Le 4e, $\hspace{1em} \frac{960 \times 48}{173} =$ 266 fr., 36.

Gain total... 960 fr., 00.

319. *Mise de la* 1re $8000 \times 18 =$ 144000 fr.

Mise de la 2^e $\hspace{0.5em} 5000 \times 33 =$ 165000 fr.

Mise de la 3^e $\hspace{0.5em} 6500 \times 32 =$ 208000 fr.

Mise totale........ 517000 fr.

Le gain de 1 fr. est $\frac{38000}{517000} = \frac{36}{517}$ fr.

La 1re personne gagne $\frac{36 \times 144000}{517} = 10027$ fr., 08 cent.

La 2e, $\frac{36 \times 165000}{517} = 11489$ fr., 36 cent.

La 3e, $\frac{36 \times 208000}{517000} = 14483$ fr., 56 cent.

Gain total........ 36000 fr., 00 cent.

320. Ayant égard à la charge et à la distance, on verra que le premier recevra autant pour 18 quintaux, transportés à 30 kilomètres, que pour 18×30 quintaux, transportés à 1 kilom.; que le deuxième recevra autant pour 10 quintaux, transportés à 50 kilomètres, que pour 10×50 quintaux, transportés à 1 kilomètre. Il en sera de même du troisième. Considérons donc les quintaux, multipliés par les kilomètres, comme les mises de trois associés et nous aurons :

Pour le 1er $18 \times 30 = 540$ quintaux.
Pour le 2e $10 \times 50 = 500$ id.
Pour le 3e $16 \times 41 = 656$ id.

Total...... 1696 quintaux.

Pour 1 quintal, transporté à 1 kilom., on aurait $\frac{1696}{1696}$ ou 1 fr.

Le 1er aura 540 fr., le 2e 500 fr. et le 3e 656 fr.

321. Le gain total est $\frac{115 \times 120000}{100}$ ou 138000 fr.

Le 5e prend pour sa part $\frac{8 \times 138000}{100}$ ou 11040 fr.

Il reste $138000 - 11040$ ou 126960 fr. pour les quatre premiers associés.

Mise du 1er $21000 \times 32 = 672000$ fr.
Mise du 2e $24000 \times 36 = 864000$ fr.
Mise du 3e $35000 \times 17 = 595000$ fr.
Mise du 4e $40000 \times 34 = 1360000$ fr.

Mise totale...... 3491000 fr.

Le gain de 1 fr. étant $\frac{126960}{3491000}$ ou, en simplifiant, $\frac{3174}{87275}$ fr., on aura les gains des quatre associés en multipliant cette dernière fraction par 672000, 864000, etc., ce qui donnera les résultats suivants :

Gain du 1er 24439 fr., 17 cent.
Gain du 2e 31421 fr., 78
Gain du 3e 21638 fr., 84
Gain du 4e 49460 fr., 21

Gain total 126960 fr., 00 cent.

322. *Mise de la 1re* 4500 × 36 = 162000 fr.
Mise de la 2e 6500 × 28 = 182000 fr.
Mise de la 3e 7800 × 38 = 296400 fr.
Mise de la 4e 6900 × 42 = 289800 fr.

Mise totale 930200 fr.

La perte de 1 fr. étant $\frac{18000}{930200} = \frac{90}{4651}$ fr., il suffira de multiplier $\frac{90}{4651}$ par les mises 162000 fr., 182000 fr., 296400 fr. et 289800 fr.

Perte de la 1re personne 3134 fr., 81 cent.
Perte de la 2e 3521,   82.
Perte de la 3e 3735,   54.
Perte de la 4e 5607,   83.

Perte totale .... 18000 fr., 00 cent.

323. Le 1er a 525 heures de travail; le 2e, 498 h.; et le 3e, 564 h.

La somme des heures étant 1587, le gain d'un ouvrier, en 1 heure, sera $\frac{1200}{1587}$ ou $\frac{400}{529}$ fr.

Le 1er gagne $\frac{\ldots}{529000} = $ 396 fr., 98 cent.
Le 2e gagne $\frac{\ldots}{529000} = $ 376,   56.
Le 3e gagne $\frac{\ldots}{529000} = $ 426,   46.

Gain total 1200 fr., 00 cent.

EMPLOI DES PROPORTIONS.

(*Arith.*, p. 143).

PROBLÈMES SUR LA RÈGLE DE TROIS SIMPLE.

328. Les rapports sont directs, puisque plus il y aura de kilog., plus on payera ; les nombres de francs augmentent dans les mêmes proportions que les nombres de kilog. On a donc :

$$36 : 48 :: 35,75 : x, \quad x = \frac{48 \times 35,75}{36} = \frac{4 \times 35,75}{3} = 47 \text{ fr., } 66 \text{ c. } \tfrac{2}{3}.$$

329. Les rapports étant directs, on a :

$$100 : 148,35 :: 109,75 : x, \quad x = \frac{148,35 \times 109,75}{100} = 1,4835 \times 109,75 = 162 \text{ fr., } 814425.$$

330. Les rapports sont directs, on a :

$$25 : x :: 48,60 : 235, \quad x = \frac{25 \times 235}{48,60} = 116 \text{ fr., } 769 \text{ mill. } \tfrac{142}{243}.$$

331. Plus il y aura d'ouvriers, moins ils mettront de jours pour faire un ouvrage ; moins il y aura d'ouvriers, plus ils mettront de jours. Les deux rapports sont donc indirects. Renversant le 2ᵉ rapport (on pourra également renverser le 1ᵉʳ au lieu du 2ᵉ), on a :

$$4 : 9 :: x : 12 \ (\text{ou } 9 : 4 :: 12 : x), \quad x = \frac{4 \times 12}{9} = 5 \text{ j. } \tfrac{1}{3}.$$

332. Il s'agit ici du même ouvrage exécuté par deux nombres d'ouvriers. On doit donc seulement considérer les autres nombres et raisonner comme au problème précédent.

$$12 : 8 :: 18 : x, \quad x = \frac{8 \times 18}{12} = 4 \times 3 = 12 \text{ jours.}$$

333. 35 myriamètres $=$ 350 kilom. Les rapports étant directs, on a :

$$25 : 350 :: 375 : x, \quad x = \frac{350 \times 375}{25} = 5250 \text{ fr.}$$

334. Rapports indirects, on a :

$$35 : 19 :: 24 : x, \quad x = \frac{19 \times 24}{35} = 13 \text{ j. } \tfrac{1}{35}$$

335. Rapports directs : $24{,}75 : 1{,}80 :: x : 1{,}95$,
$$x = \frac{24{,}75 \times 1{,}95}{1{,}80} = \frac{82{,}5 \times 0{,}65}{2} = 26 \text{ m.,} \ 8125 \text{ dix-millim.}$$

336. $10 : 68 :: 69 : x$, $x = \frac{68 \times 69}{10} = 6{,}8 \times 69 =$ 469 fr., 20 cent.

337. Rapports directs :

$$100 : 7800 :: 15 : x, \quad x = \frac{7800 \times 15}{100} = 78 \times 15 =$$
1170 fr.

338. $100 : 18785 :: 35 : x$, $x = \frac{18785 \times 35}{100} = 187{,}85$
$\times 35 = 6574$ fr., 75 cent.

339. Les deux fractions sont en rapports directs avec les francs. On a :

$\frac{7}{8} : \frac{2}{5} :: 748 : x$; et, en simplifiant le 1er rapport (*Arith.* n° 186, N. B.) : $35 : 16 :: 748 : x$, $x = \frac{16 \times 748}{35}$
$= 341$ fr., 95 cent. $\tfrac{1}{7}$.

340. Rapports directs : $15 : (15 + 12) :: 548 : x$ ou $15 : 27 :: 548 : x$, $x = \frac{27 \times 548}{15} = 986$ m., 40 centim.

341. La longueur étant en rapport indirect avec la profondeur, on a :

$$x : 542 :: \tfrac{4}{5} : \tfrac{7}{8} \text{ ou } x : 542 :: 32 : 35.$$
$$x = \frac{542 \times 32}{35} = 495 \text{ m., } 54 \text{ cent. } \tfrac{2}{7}.$$

342. $67 : x :: 548 : 795{,}40$, $x = \frac{67 \times 795{,}40}{548} =$
97 hectol., 24 l. $\tfrac{107}{137}$.

343. $14 \tfrac{3}{4} = 14{,}75$. Les rapports étant directs, on a :

$14{,}75 : x :: 65 : 157$, $x = \frac{14{,}75 \times 157}{65} = \frac{2{,}95 \times 157}{13} =$
35 j., 62 $\tfrac{20}{13}$.

344. $\frac{7}{8} : \frac{5}{8} :: 584 : x$ ou $63 : 40 :: 584 : x$,
$$x = \frac{40 \times 584}{63} = 370 \text{ fr., } 79 \tfrac{13}{63}.$$

PROBLÉMES SUR LES RÈGLES DE TROIS COMPOSÉES.

348. $13 \times 15 : 6 \times 18 :: 275 : x$, $x = \frac{6 \times 18 \times 275}{13815} = \frac{2 \times 18 \times 55}{13} = 152$ m., $30 \frac{10}{13}$.

349. Observons d'abord que les 36 m. d'étoffe ont $\frac{2}{5}$ en plus sur la longueur que les 250 m., de manière que si l'on représente la largeur de la 1re étoffe par l'unité, la largeur de la 2e sera $\frac{7}{5}$, ce qui donnera, en multipliant la longueur par la largeur : $250 \times 1 : 36 \times \frac{7}{5} :: 672 : x$, ou $250 : 50,4 :: 672 : x$,

$$x = \frac{50,4 \times 672}{250} = 135 \text{ fr.}, 47 \frac{13}{25}.$$

350. Représentant l'ouvrage par l'*unité*, on aura :
$$8 \times 24 \times 8 : x \times 14 \times 8 :: 1 : 1.$$
$$x = \frac{8 \times 24 \times 8}{1488} = \frac{1288}{7} = 13 \text{ ouvr. } \frac{5}{7}.$$

351. Réduisons l'ouvrage des ouvriers en mètres cubes, ce qui reviendra à faire le produit des trois dimensions : *longueur*, *largeur* et *profondeur*.

On aura la proportion,
$$2 \times 15 \times 9 : 2 \times 19 \times x :: 8 \times 6 \times 3,50 : 9,50 \times 7,75 \times 4,$$
ou $2 \times 15 \times 9 : 2 \times 19 \times x :: 168 : 294,5,$
$$x = \frac{2 \times 15 \times 9 \times 294,5}{2 \times 19 \times 168} = \frac{9 \times 2945}{19 \times 112} = 12 \text{ h. } \frac{969}{1128}, \text{ ou } 12 \text{ h.,}$$
455 mill.

352. Comme dans ce problème il s'agit du même ouvrage, pour les deux nombres d'ouvriers 5 et 5 + 4 ou 9, nous représenterons l'ouvrage par 1, ce qui donnera :
$$5 \times 12 \times 12 : 9 \times x \times 9 :: 1 : 1,$$
$$x = \frac{5 \times 12 \times 12}{9 \times 9} = \frac{5 \times 4 \times 4}{9} = 8 \text{ j. } \frac{8}{9}.$$

353. $22 : x \times \frac{8}{7} :: 104 : 189,50,$
ou $22 \times 7 : x \times 8 :: 104 : 189,50,$
$$x = \frac{22 \times 7 \times 189,50}{8 \times 104} = 35 \text{ m.}, 07 \frac{210}{208}.$$

354. $32 \times \frac{5}{6} : 15 \times \frac{2}{3} :: 450 : x$ ou $32 \times 5 : 15 \times 4 :: 450 : x, \left(\frac{2}{3} = \frac{4}{6}\right).$

$x = \frac{15 \times 4 \times 450}{32 \times 5} = \frac{3 \times 225}{4} = 168$ fr., 75 cent.

355. Les difficultés étant en rapports directs avec les ouvriers on aura :

$5 : 12 :: 342 \times 5 : x \times 8, \; x = \frac{12 \times 342 \times 5}{15 \times 8 \times 1} = 3 \times 171 = 513$ mètres.

356. $8 \times 15 \times 5 : x \times 9 \times 8 :: 583 \times 7 : 368 \times 8.$

$x = \frac{8 \times 15 \times 5 \times 368 \times 8}{9 \times 8 \times 583 \times 7} = \frac{65 \times 8 \times 368}{3 \times 7 \times 583} = 5$ ouv., 848 mill.

357. La bonté du 1er étant 4, et celle du 2e étant 9, on aura :

$38 \times 4 : x \times 9 :: 887 : 1425,$

$x = \frac{38 \times 4 \times 1425}{9 \times 887} = 40$ hectol., 98 lit.

358. Représentons par 1 la longueur des 1res pièces, celle des 2es sera $\frac{6}{5}$ et nous aurons :

$18 \times 4 \times 4 : 15 \times \frac{2}{3} \times \frac{6}{5} :: 248 : x,$ ou $\frac{72}{15} : \frac{480}{15} :: 248 : x,$ puis $216 : 180 :: 248 : x,$ et enfin $216 : 480 :: 248 : x,$

$x = \frac{180 \times 248}{216} = \frac{20 \times 31}{3} = 206$ fr. 66 $\frac{2}{3}$

359. $360 \times 18 \times 10 : 39 \times 24 \times 8 :: 258 : x \times \frac{8}{5},$ ou $36 \times 18 \times 10 : 39 \times 24 \times 8 :: 258 \times 5 : x \times 8.$

$x = \frac{39 \times 24 \times 8 \times 258 \times 5}{36 \times 18 \times 10 \times 8} = \frac{13 \times 43}{3} = 486$ m., $33\frac{1}{3}$

PROBLÈMES SUR LES INTÉRÊTS.

Nous nous contenterons, pour les intérêts, de suivre la formule établie au n° 193 (*Arith. élém.*).

365. $100 : 42700 \times 8 :: 5 : x,$

$x = \frac{42700 \times 8 \times 5}{100} = 17080$ fr.

366. $100 \times 12 : 3245 \times 93 :: 4,50 : x.$

$x = \frac{3245 \times 93 \times 4,50}{100 \times 12} = \frac{65 \times 93 \times 15}{4} = 1131$ fr., 69375.

367. $100\times12 : 42800\times93,5 :: 5 : x$ (15 jours font ½ mois ou 0,5 de mois).

$x=\frac{42800\times93,5\times5}{100\times12}=\frac{107\times935}{6}=16674$ fr., $16\frac{2}{3}$.

368. $100\times360 : 18585\times747 :: 4 : x$.

$x=\frac{18585\times747\times4}{100\times360}=\frac{3717\times83}{5\times40}=1542$ fr., 555.

369. $100\times12 : x\times45 :: 5 : 45637$.

$x=\frac{100\times12\times45637}{42\times5}=\frac{20\times2\times45637}{7}=260782$ fr., $857\frac{1}{7}$.

370. $100\times12 : x\times112 :: 5 : 11440$.

$x=\frac{100\times12\times11440}{112\times5}=\frac{15\times11440}{7}=24514$ fr., $428\frac{4}{7}$.

371. $100 : 6700\times5 :: x : 1675$.

$x=\frac{100\times1675}{6700\times5}=5$ p. %.

372. Il a payé 9119,10 — 6780 ou 2339 fr., 10 d'intérêts

$100\times12 : 6780\times69 :: x : 2339,10$.

$x=\frac{100\times12\times2339,10}{6780\times69}=6$ p. %.

373. $100\times12 : 4560\times x :: 5 : 5111$.

$x=\frac{100\times12\times5111}{4560\times5}=\frac{3\times5111}{57}=22$ ans 5 mois.

374. $100 : x :: 4,50 : 2000$.

$x=\frac{100\times2000}{4,50}=\frac{1000\times2000}{45}=\frac{400000}{9}=44444$ fr., $44\frac{4}{9}$.

375. Ce problème renferme deux questions :

1° *Quel capital faut-il placer à 5 p. %, par an, pour rapporter 344 fr., 45 ?*

$100 : x :: 5 : 344,45$, $x=\frac{34445}{5}=6889$ fr., 1re R.

2° *A quel taux faut-il placer 5600 fr. pour produire, en 33 mois, 6889—5600 ou 1289 fr. d'intérêts ?*

$100\times12 : 5600\times33 :: x : 1289$.

$x=\frac{100\times12\times1289}{5600\times33}=\frac{1289}{154}=8$ fr., $37\frac{1}{77}$ p. %, 2e R.

376. Le capital, en 6 mois, s'est accru, par les intérêts de 1625 — 1575 ou de 50 fr. ; en 1 mois, il s'accroît de $\frac{50}{6}$ fr.

Les intérêts du capital étant $\frac{50}{6}$ fr., en 1 mois, seront

$\frac{50\times18}{6}$ ou 150 fr., en 18 mois. Le capital était donc 1625 — 150 ou 1475 fr. La proportion suivante donnera le *taux* :

$$100\times12 : 1475\times18 :: x : 150.$$
$$x = \frac{100\times12\times150}{1475\times18} = 6 \text{ fr.}, 779 \text{ ou } 6,78 \text{ p. } \tfrac{0}{0}.$$

377. L'intérêt du capital étant 13782 — 7850 ou 5932 fr., on a :

$$100\times12 : 7850\times x :: 5 : 5932,$$
$$x = \frac{100\times12\times5932}{7850\times5} = \frac{2\times12\times5932}{785} = 181 \text{ mois } \tfrac{265}{785},$$
$$\text{ou } 15 \text{ ans } 1 \text{ mois } 10 \text{ jours.}$$

378. Ce problème renferme deux questions :

1° *A quel taux* 1000 *fr. étaient-ils placés pour produire* 160 *fr. d'intérêts, en* 4 *ans ?*

$$100 : 1000\times4 :: x : 160, \quad x = \frac{100\times160}{1000\times4} = 4 \text{ p. } \tfrac{0}{0}, 1^{re} R.$$

2° *Combien faudra-t-il de temps à* 1000 + 2500 *ou* 3500 *fr. pour rapporter* 700 *fr. d'intérêts, le taux étant* 4 p. $\tfrac{0}{0}$?

$$100\times12 : 3500\times x :: 4 : 700.$$
$$x = \frac{100\times12\times700}{3500\times4} = 20\times3 \text{ ou } 60 \text{ mois, ou, enfin, } 5 \text{ ans, } 2° R.$$

379. 1° *A quel taux les* 900 *fr. étaient-ils placés….* ?

$$100 : 900\times4 :: x : 144, \quad x = \frac{100\times144}{900\times4} = 4 \text{ p. } \tfrac{0}{0}, 1^{re} R.$$

2° *On demande le temps.*

$$100\times12 : 9450\times x :: 4 : 1764, \quad x = \frac{100\times12\times1764}{9450\times4} = 2\times28 = 56 \text{ mois, ou } 4 \text{ ans } 8 \text{ mois.}$$

PROBLÈMES SUR LA RÈGLE D'ESCOMPTE.

381. $100 : 4680\times5 :: 5 : x, \quad x = 46,80\times5\times5 = 1170$ fr.

Le billet vaut 4680 — 1170, ou 3510 fr.

382. L'escompte étant 2560 — 2329,60 ou 230 fr., 40, on a :

$$100 \times 12 : 2560 \times 18 :: x : 230,40.$$

$$x = \frac{100 \times 12 \times 230,40}{2560 \times 18} = \frac{48}{8} \text{ ou } 6 \text{ p. } \frac{0}{0} \text{ par an.}$$

383. L'escompte est 12500 — 9750 ou 2750 fr.

$$100 \times 12 : 12500 \times x :: 5 : 2750,$$

$$x = \frac{100 \times 12 \times 2750}{12500 \times 5} = \frac{12 \times 22}{5} = 4 \text{ ans } 4 \text{ mois } 24 \text{ jours.}$$

384. $100 \times 360 : 1378 \times 523 :: 5 : x,$

$$x = \frac{1378 \times 523 \times 5}{100 \times 1378} = 120 \text{ fr., } 115 \frac{2}{5}.$$

On recevra 1378 — 120,145 $\frac{2}{5}$ ou 1257 fr., 884 $\frac{1}{5}$.

385. $100 \times 12 : 983 \times 9,5 :: 6 : x,$

$$x = \frac{983 \times 9,5}{100 \times 12} = 46 \text{ fr., } 6925 \text{ dix-millièmes.}$$

PROBLÈMES SUR LES RÈGLES DE SOCIÉTÉ OU DE PARTAGE.

N. B. La formule que nous avons établie (*Arith.*, nº 200) pour les règles de société s'écarte de ce principe : *Les deux termes d'un rapport doivent toujours exprimer des unités de même nature.*

Mais on a vu (*Arith.* nº 185) qu'une proportion peut subir toutes les transformations qui n'altèrent pas l'égalité entre le produit des moyens et le produit des extrêmes. Dans notre formule, nous avons changé les moyens (et la même chose a lieu pour le probl. 394 et pour ceux qui se rattachent au même principe), parce que de cette manière, il est plus facile de faire les simplifications quand il est possible : au surplus si le premier rapport peut s'évaluer en unités ou en décimales, comme aux probl. 313,314,320, etc., toutes les opérations se réduisent à de simples multiplications (probl. 313 N. B.). Cependant il importe ici de rétablir la formule mathématique, que voici :

La mise totale : *une mise particulière* : : *le gain ou la perte totale* : *au gain ou à la perte de la mise particulière.*

De même dans les partages proportionnels (probl. 394), on a :

La somme des nombres proportionnels : *chaque nombre proportionnel* : : *la somme à partager* : x.

Quoique nous ayons ainsi rétabli les formules comme elles doivent être, nous suivrons pour la pratique celles du n° 200 et du probl. 394, à cause des avantages qu'elles offrent pour simplifier, quand il y a lieu ; mais il est essentiel que les élèves sachent établir la proportion dans 'ordre naturel.

389.   *Gains.*

1re Mise 360000.......... 4995 fr., 66 c.

2e Mise 457200.......... 6344 fr., 49 c.

3e Mise 324000.......... 4496 fr., 10 c.

4^c Mise 318400.......... 7193 fr., 75 c.

M. T. 1659600... G. T. 23030 fr., 00 c.

390. Mises des associés :
$\begin{cases} 1^{er}\ 3200 \\ 2^e\ 6400 \\ 3^e\ 9600 \\ 4^e\ 7680 \end{cases}$ mise totale ou M. T. $\Big\}$ 26880 fr.

$\begin{matrix} 26880 : 12000 \\ \text{ou} \\ 56 : 25 \end{matrix} : : \begin{cases} 3200 : x - 1^{er}\ 1428\ \text{fr.},\ 57\,\frac{1}{7}. \\ 6400 : x - 2^e\ 2857\ \text{fr.},\ 14\,\frac{2}{7}. \\ 9600 : x - 3^e\ 4285\ \text{fr.},\ 71\,\frac{3}{7}. \\ 7680 : x - 4^e\ 3428\ \text{fr.},\ 57\,\frac{1}{7}. \end{cases}$

Gain total ou G. T...... 12000 fr., 00.

391. Les 3 négociants ont gagné 22386 — (18445 + 560) = 3384 fr.

Le 1er gagne 3384 × $\frac{2}{7}$ = 966 fr.;

Le 2e gagne 3384 × $\frac{2}{5}$ = 1352 fr., 40;

Le 3e, 3384 — (966+1352,40) = 1062 fr., 60.

G. T............ 3384 fr., 00.

592. G. T. $1500 + 900 + 2100 = 4500$ fr.

$$2400 : 4500 \begin{cases} x : 1500 - \text{m. du } 1^{er} \ 800 \text{ fr.} \\ \text{ou} \quad x : 900 - \text{m. du } 2^e \ 480 \text{ fr.} \\ 8 : 15 :: \ x : 2100 - \text{m. du } 3^e \ 1120 \text{ fr.} \end{cases}$$

593. Mise totale : $42000 + 25000 + 18000 = 85000$ fr.

$$85000 : 425000 \begin{cases} 42000 : x - \text{g. du } 1^{er} \ 210000 \text{ fr.} \\ \text{ou} \qquad 25000 : x - \text{g. du } 2^e \ 125000 \text{ fr.} \\ 1 : 5 :: \ 18000 : x - \text{g. du } 3^e \ 90000 \text{ fr.} \end{cases}$$

$$\text{G. T.} \ldots \ldots 425000 \text{ fr.}$$

594. Somme des nombres proportionnels :
$12 + 24 + 30 + 60 = 126.$

$$126 : 3600 \begin{cases} 12 : x, - 1^{re} \text{ part.} \quad 342 \text{ fr.,} \ 857 \tfrac{1}{7}. \\ 24 : x, - 2^e \ p\ldots \quad 685 \text{ fr.,} \ 714 \tfrac{2}{7}. \\ 30 : x, - 3^e \ p\ldots \quad 857 \text{ fr.,} \ 142 \tfrac{6}{7}. \\ 60 : x, - 4^e \ p\ldots \ 1714 \text{ fr.,} \ 285 \tfrac{5}{7}. \end{cases}$$

$$\text{S. à P}\ldots \ 3600 \text{ fr.,} \ 000.$$

595. S. des nomb. pr. : $4 + 6 + 8 + 12 = 30.$

$$30 : 12800 \begin{cases} 4 : x, - 1^{re} \ p. \ 1706 \text{ fr.,} \ 66 \tfrac{2}{3}. \\ 6 : x, - 2^e \ p. \ 2560 \text{ fr.,} \ 00. \\ 8 : x, - 3^e \ p. \ 3413 \text{ fr.,} \ 33 \tfrac{1}{3}. \\ 12 : x, - 4^e \ p. \ 5120 \text{ fr.,} \ 00. \end{cases}$$

$$\text{S. à P}\ldots \ 12800 \text{ fr.,} \ 00.$$

596. S. des nomb. pr. : $5 + 8 + 12 + 15 = 40.$

$$40 : 8500 \begin{cases} 5 : x, - 1^{re} \ p. \ 1062 \text{ fr.,} \ 50. \\ 8 : x, - 2^e \ p. \ 1700 \text{ fr.,} \ 00. \\ 12 : x, - 3^e \ p. \ 2550 \text{ fr.,} \ 00. \\ 15 : x, - 4^e \ p. \ 3187 \text{ fr.,} \ 50. \end{cases}$$

$$\text{S. à P}\ldots \ 8500 \text{ fr.,} \ 00.$$

397. Les fractions réduites au même dénominateur deviennent :

$\frac{35}{140}$, $\frac{28}{140}$, $\frac{20}{140}$. La veuve aura $\frac{140}{140} - \left(\frac{35+28+20}{140}\right)$ ou les $\frac{57}{140}$ de 63000 fr. Si maintenant on multiplie les fractions $\frac{35}{140}$, $\frac{28}{140}$, $\frac{20}{140}$ et $\frac{57}{140}$ par leur dénominateur commun, les produits conserveront entre eux les mêmes rapports; et la question est ainsi ramenée à partager 63000 fr. proportionnellement aux nombres 35, 28, 20 et 57.

$$
140 : 63000 \left\{
\begin{array}{llll}
35 & : x, & - \text{ fils aîné.} & 15750 \text{ fr.} \\
28 & : x, & - \text{ fils p. j.} & 12600 \text{ fr.} \\
20 & : x, & - \text{ fille} \ldots & 9000 \text{ fr.} \\
57 & : x, & - \text{ veuve} \ldots & 25650 \text{ fr.} \\
\end{array}
\right.
$$

ou

$$1 : 450$$

Bien à partager. 63000 fr.

398. Mises des associés :
$$
\left\{
\begin{array}{ll}
1^{re} & 15 \text{ fr.} \\
2^{e} & 18 \text{ fr.} \\
3^{e} & 22 \text{ fr.} \\
4^{e} & 33 \text{ fr.} \\
5^{e} & 12 \text{ fr., } 50. \\
\end{array}
\right.
$$

M. T. . . . . 200 fr., 50.

Pour déterminer la mise du 5° associé, il suffit d'établir la proportion :

$$x : 15 :: 15 : 18, \quad x = \frac{15 \times 15}{18} = 12 \text{ fr., } 50 \text{ cent.}$$

$$
100,50 : 15700 \left\{
\begin{array}{llll}
15 & : x, & - 1^{er} & 2343 \text{ fr., } 28 \frac{72}{201}. \\
18 & : x, & - 2^{e} & 2811 \text{ fr., } 94 \frac{6}{201}. \\
22 & : x, & - 3^{e} & 3436 \text{ fr., } 84 \frac{119}{201}. \\
33 & : x, & - 4^{e} & 5155 \text{ fr., } 22 \frac{78}{201}. \\
12,50 & : x, & - 5^{e} & 1952 \text{ fr., } 73 \frac{127}{201}. \\
\end{array}
\right.
$$

ou

$$201 : 31400$$

G. T. . . . . 15700 fr., 00.

399. Mises des associés :
$$
\left\{
\begin{array}{l}
1^{re}\ 15000 \times 36 = 540000 \text{ fr.} \\
2^{e}\ 18500 \times 42 = 777000 \text{ fr.} \\
3^{e}\ 12000 \times 67 = 804000 \text{ fr.} \\
4^{e}\ \ 8000 \times 72 = 576000 \text{ fr.} \\
\end{array}
\right.
$$

M. T. . . . . . . 2697000 fr.

$$2697000 : 48000 \atop \text{ou } 899 : 16 ::} \left\{ \begin{array}{l} 540000 : x — 1^{re} \ 9640 \text{fr.}, 67, r. 767 \\ 777000 : x — 2^e \ 13828 \text{fr.}, 69, r. 769 \\ 804000 : x — 3^e \ 14309 \text{fr.}, 23, r. 223 \\ 576000 : x — 4^e \ 10251 \text{fr.}, 39, r. \ 39 \end{array} \right.$$

$$r. \ 1798 : 899 = \ldots 0, \ 02 \quad 1798 \text{ s.d.r.}$$

G. T. . . . . 48000 fr., 00

400.

1er 150 jours.	

1er 150 jours.
2^e 40 j.
3^e 80 j.
4^e 90 j.   652 : 4560 ::
5^e 120 j.
6^e 172 j. (86×2)

$$\left\{ \begin{array}{l} 150 : x, — 1^{er} \ 1049 \text{f.}, 07, r. 636. \\ 40 : x, — 2^e \ \ 279 \ \ , 75, r. 300. \\ 80 : x, — 3^e \ \ 559 \ \ , 50, r. 600. \\ 90 : x, — 4^e \ \ 629 \ \ , 44, r. 542. \\ 120 : x, — 5^e \ \ 839 \ \ , 26, r. 248. \\ 172 : x, — 6^e \ 1202 \ \ , 94, r. 342. \end{array} \right.$$

T. 652 jours.   r. 2608 : 652 = ... 0 , 04, 2608 s.d.r.

G. T. . . . . 4560 f., 00.

401.

Mise du 1er 27140 × $\frac{2}{5}$ = 10856 f., 00, ×24 = 260544 f.,
Mise du 2^e 27140 × $\frac{3}{8}$ = 10177 f., 50, ×24 = 244260 f.,
Mise du 3^e . . . . 1250 f., 00, ×29 = 36250 f.,
Mise du 4^e, 27140 — la}
s. des 3 1res mises . . . .} = 4856 f., 50, ×29 = 140838 f., 50

M. T. . . . . 27140 f., 00, ×let. = 681892 f., 50

G. T. 271,40 × 20 ou 5428 fr.

$$681892,5 : 5428 :: \left\{ \begin{array}{l} 260544 : x — 1^{re} 2073, 98, r. 1424850. \\ 244260 : x — 2^e \ 1944, 35, r. 5597625. \\ 36250 : x — 3^e \ \ 288, 55, r. 4919125. \\ 140838 : x — 4^e \ 1421, 10, r. 1696250 \text{ s.d.r} \end{array} \right.$$

$$r. \ 13637850 : 681892,5 = \ldots 0,02 - 13637850,$$

G. T. 5428,00

402. 1er $18 \times 25 = 450$ quintaux conduits à 1 kilom.

        2^e $15 \times 50 = 750$ id.

        3^e $8 \times 41 = 328$ id.

Total........ 1528 quintaux.

$1528 : 1696$ ⎧ $450 : x,$ — 1er 499 fr., 47, $r.$ 123

    ou $750 : x,$ — 2e 832 , 46, $r.$ 14

$191 : 212 ::$ ⎩ $328 : x,$ — 3e 364   , 06, $r.$ 54

        $r. 191 : 191 = ...0$, 01, — 191

         G. T......... 1696 fr., 00.

403. La mise du 1er étant 1230 fr., la proportion suivante donnera celle du 2e :

$$x : 1230 :: 5 : 8, \quad x = \frac{1230 \times 5}{8} = 768 \text{ fr., 75 cent.}$$

La proportion suivante donnera aussi la mise du 3e :

$$x : 768,75 :: 7 : 12, \quad x = \frac{768,75 \times 7}{12} = 448 \text{ fr., } 42 \tfrac{11}{12}.$$

Les mises $\times$ leur temps deviennent : 1re 6150 fr., 2^e 6908 fr., 75 et 4932 fr., 72 $\tfrac{1}{12}$.

M. T. 17991 fr., 47 cent.

$17991,47 : 2548 ::$ ⎧ 615 $x,$ — 1er 870 fr., 97, $r.$ 1693741

        ⎨ 6908,75 $x,$ — 2e 978   , 43, $r.$ 1010079

        ⎩ 4932,72 $x,$ — 3e 698   , 58, $r.$ 894474

    $r. 3598294 : 1799147 ....0$, 02, — 3598294

         G. T......... 2548 fr., 00.

PROBLÈMES SUR LES MÉLANGES.

409. 1 hectol. à 60 fr., vendu 54 fr., produit une perte de 6 fr.

1 hectol. à 43 fr., vendu 54 fr., produit un bénéfice de 11 fr.

11 hect. à 60 fr. prod. une perte de 6×11 ou 66 fr.

6 hect. à 43 prod. un gain de 11×6 ou 66 fr.

En mettant 11 hect. à 60 fr. et 6 hect. à 43 fr., la perte compensera le gain ; et le mélange, composé de $11+6$ ou 17 hectol., renfermera 11 hectol. du 1er vin et 6 hectol. du 2e ; par conséquent :

1 hect. renfermera $\frac{11}{17}$ à 60 fr. et $\frac{6}{17}$ à 43 fr.

Pour obtenir 6 hectol. du mélange demandé, il faudra prendre $6\times\frac{11}{17}$ ou 388 lit. $\frac{4}{17}$ à 60 fr.; et $6\times\frac{6}{17}$ ou 211 lit. $\frac{13}{17}$ à 43 fr.

410. 68 décal. à 2 fr. est la même chose que 680 lit. à 0 fr., 20 etc.

1 lit. à 0 fr., 20, vendu 0 fr., 175, donne une perte de 0 fr., 025.

1 lit. à 0,16, vendu 0 fr., 175, donne un gain de 0 fr., 015.

15 lit. à 0 fr., 20 et 25 à 0 fr., 16, donne une perte égale au bénéfice.

Ainsi, il faudra mettre 15 lit. à 0 fr., 20 avec 25 lit. à 0 fr., 16 ; et le mélange sera composé de $15+25$ ou 40 lit.

Le mélange renfermera $\frac{15}{40}$ ou $\frac{3}{8}$, à 0 fr., 20 le litre ; et $\frac{25}{40}$ ou $\frac{5}{8}$, à 0 fr., 16.

Or les $\frac{3}{8}$ du mélange $= 680$ lit.; $\frac{1}{8}$ sera $\frac{680}{3}$ et les $\frac{5}{8}$ seront $\frac{680\times5}{3} = 1133$ lit. $\frac{1}{3}$.

411.

243 kilog. à 0 fr., 45 valent $0{,}45\times243$ ou 109 fr., 35.

150 kilog. à 0 fr., 35 valent $0{,}35\times150$ ou 52 fr., 50.

180 kilog. à 0 fr., 30 valent $0{,}30\times180$ ou 54 fr., 00.

125 kilog. à 0 fr., 40 valent $0{,}40\times125$ ou 50 fr., 00.

___

698 kilog. du mélange valent.......... 265 fr., 85 c.

1 kilog. vaut $\frac{295\,85}{698}$ ou 0 fr., 38 $\frac{613}{698}$.

412. En opérant comme au problème précédent, on verra que le prix moyen des $168+160$, ou 328 litres des deux 1res qualités, est 0 fr., 372, à moins d'un demi-cent-millième d'unité. Or :

1 lit. à 0 fr., 372, vendu 0 fr., 40, produit un gain de 0 fr., 028;

1 lit. à 0 fr., 45, vendu 0 fr., 40, produit une perte de 0 fr., 050.

Ainsi, on formera un mélange de 50 lit. à 0 fr., 372 et 28 lit. à 0 fr., 45. Les vins seront dans la proportion de $\frac{50}{78}$ et $\frac{28}{78}$, ou $\frac{25}{39}$ et $\frac{14}{39}$, ou 25 et 14, d'où l'on conclut la proportion :

$$25 : 14 :: 328 : x, \quad x = \frac{14 \times 328}{25} = 183 \text{ lit.}, 68 \text{ à } 0 \text{ fr.}, 45.$$

N. B. Si l'on ne voulait pas employer les proportions, on ferait le même raisonnement qu'au problème 410, ce qui donnerait :

Les $\frac{25}{39}$ du mél. $= 328$ lit. Le $\frac{1}{39}$ est $\frac{328}{25}$ et les $\frac{14}{39}$ sont $\frac{328 \times 14}{25}$, même résultat. Au problème 410, on aurait pu également établir la proportion $3 : 5 :: 680 : x$, et l'on serait parvenu plus facilement au même résultat. Il sera utile que les élèves suivent les deux manières de résoudre ces problèmes.

413. 1 lit. à 0 fr., 20 $+$ 1 lit. à 0 fr., 25 formeront un mélange qui reviendra à 0 fr., 225 ; de même 1 lit. à 0 fr., 30 $+$ 1 lit. à 0 fr., 40 formeront un mélange qui reviendra à 0 fr., 35 ; et la question est ramenée à composer le mélange demandé avec des vins à 0 fr., 225 et à 0 fr., 35.

1 lit. à 0 fr., 225 produira un gain de 0 fr., 055.

1 lit. à 0 fr., 35 produira une perte de 0 fr., 070.

On mettra 70 lit. à 0 fr., 225 avec 55 lit. à 0 fr., 35. La proportion sera ainsi 70 et 55, ou, en simplifiant, 14 et 11. Mais en mélangeant 14 lit. à 0 fr., 225 avec 11 lit.

---

(1) Le problème 413 est ainsi rétabli :
On propose de faire, avec des vins à 0 fr. 20, 0 fr. 25, 0 fr. 30, et 0 fr. 40 le litre, un mélange de 48 hectolitres, qui revienne à 0 fr. 28 le litre.

à 0 fr., 35, on a un mélange de 14 + 11 ou 25 lit., d'où
l'on déduit

$$25 : 4800 :: \begin{cases} 14 : x, x = 2688 \text{ lit. à 0 fr., } 225. \\ 11 : x, x = 2112 \text{ lit. à 0 fr., } 35. \end{cases}$$

Il faudra prendre 1344 litres à 0 fr., 20, 1344 litres à
0 fr., 25 ; 1056 lit. à 0 fr., 30 et 1056 lit. à 0 fr., 40.

414. En mettant 1 lit. à 0 fr., 30 avec 1 lit. à 0 fr., 65,
on obtiendra un mélange qui reviendra à 0 fr., 475. Ensuite on composera le mélange demandé avec des vins à
0 fr., 15 le lit. et 0 fr., 475 le lit.

1 lit. à 0 fr., 15 produira un gain de 0 fr., 100.

1 lit. à 0 fr., 475 produira une perte de 0 fr., 225.

D'où la proportion de 225 du 1er à 100 du 2e : ce rapport devient 4 à 9 ; 4 lit. à 0 fr., 475 et 9 lit. à 0 fr., 15 ;
et l'on a :

$$13 : 480 - 10, \text{ ou} \begin{cases} 9 : x, x = 325 \text{ lit. } \tfrac{5}{13} \text{ à 0 fr., } 15. \\ 4 : x, x = 144 \text{ lit. } \tfrac{8}{13} \text{ à 0 fr., } 475. \end{cases}$$
$$13 : 470 ::$$

Il faudra prendre 325 lit. $\tfrac{5}{13}$ à 0 fr., 15, 72 lit. $\tfrac{4}{13}$ à
0 fr., 30 et 72 lit. $\tfrac{4}{13}$ à 0 fr., 65.

415. Le café a été vendu $\tfrac{350}{100}$ ou 3 fr., 50 le kilog.

1 kilog. à 3 fr. produit un gain de 0 fr., 50.

1 kilog. à 4 fr. produit une perte de 0 fr., 50.

Il y avait 50 kilog. à 3 fr. et 50 kilog. à 4 fr.

416. Dans le 1er mélange, il y a 4 fois plus de vin que
d'eau : dans les 8 lit. qu'on a pris du mélange, il y avait
6 lit., 4 décil. de vin et 1 lit., 6 décil. d'eau (résultat
obtenu par la prop. 20 : 8 :: 16 : x).

Les 12 lit. qu'il reste du mélange renferment encore
16 — 6,4 ou 9 lit., 6 décil. de vin et 4 — 1,6 ou 2 lit.,
4 décil. d'eau.

Lorsqu'on y aura ajouté les 15 lit. de vin et les 5 lit.
d'eau, il y aura 9 lit., 6 + 15 ou 24 lit., 6 décil. de vin
et 2 lit., 4 + 5 ou 7 lit., 4 décil. Le vin et l'eau seront

donc entre eux comme les nombres 24,6 et 7,4 ou 246 et 74. Or, $246 + 74 = 320$; donc :

Le mélange sera composé des $\frac{246}{320}$ de vin et des $\frac{74}{320}$ d'eau.

PROBLÈMES DIVERS.

427. $84 - 12 = 72$. Le plus petit nombre est $\frac{72}{2}$ ou 36; et le plus grand est $36 + 12$ ou 48.

428. On commencera d'abord par la recherche du plus petit ou 3e nombre.

Le 2e excède le 3e de 131; le 1er excède le 3e de 86 $+ 131$. Retranchant $131 + 131 + 86$ ou 348 de 696, le reste égalera trois fois le plus petit nombre qui sera conséquemment $\frac{696-348}{3}$ ou 116, le 2e sera $116 + 131$ ou 247; et le 1er $247 + 86$ ou 333.

Ainsi, le 1er nombre est 333, le 2e 247 et le 3e 116. La somme de ces trois nombres $= 696$ et les différences sont conformes à l'énoncé du problème.

429. Le prix du 3e cheval est $1650 - 1010$ ou 640 fr.

Si l'on désigne par x le prix du 1er cheval, celui du 2e sera $1010 - x$, de sorte que l'égalité : le prix du 2e $+$ celui du 3e $=$ les $\frac{8}{3}$ du prix du 1er pourra être remplacée par la suivante :

$$1010 - x + 640 = \frac{8}{3}x.$$

Si l'on ajoute x à chacune des deux quantités égales, l'égalité des deux sommes existera encore et l'on aura : $1010 + 640 = \frac{8}{3}x + x$, ou $1650 = \frac{11}{3}x$, d'où $\frac{1}{3}x = \frac{1650}{11} = 150$, et $x = 150 \times 3$ ou 450 fr. Le prix du 2e sera donc $1010 - 450$ ou 560 fr.

Ainsi le 1er cheval coûte 450 fr.; le 2e, 560, et le 3e, 640 fr.

430. Pour vivre 33 jours, il fallait à cet ouvrier 2,25

$\times$ 33 ou 74 fr., 25; mais il lui manque 0 fr., 75: il n'a donc gagné que 74,25 — 0,75 ou 73 fr., 50. Il a travaillé 73,50 : 3,50 ou 21 jours.

431. Les enfants ont eu 25470 — (18480 + 3460) = 3530 fr.

Chaque homme a gagné 16,50 $\times$ 4 ou 66 fr. et a travaillé 24 jours.

Il y avait donc 18480 : 66 ou 280 *hommes* et chacun gagnait 16,50 : 6, ou 2 *fr.*, 75 *par jour*. En opérant de la même manière pour les femmes et les enfants, on trouvera 82 *femmes* $\frac{8}{21}$ à 1 *fr.*, 75 par jour et 196 *enfants* $\frac{1}{9}$ à 0 fr., 75 par jour.

432. Chaque pomme coûte 0,21 : 12 ou 0 fr., 0175 dix-mill.; on gagnera sur chacune 0,025 — 0,0175 ou 0, fr., 0075. Pour gagner 9 fr., il faudra vendre 9 : 0,0075 ou 1200 *pommes*.

433. Quand cet homme a payé les $\frac{2}{9}$ de sa dette, il lui en reste encore à payer les $\frac{7}{9}$. Il paye ensuite $\frac{1}{5}$ de $\frac{7}{9}$ ou $\frac{7}{9} \times \frac{1}{5} = \frac{7}{45}$. Alors il ne lui en reste plus à payer que $\frac{35}{45} — \frac{7}{45}$ ou $\frac{28}{45}$. Il paye enfin les $\frac{2}{7}$ de $\frac{28}{45}$ ou $\frac{28}{45} \times \frac{2}{7} = \frac{56}{315} = \frac{8}{45}$.

Il reste donc encore à payer $\frac{28}{45} — \frac{8}{45}$ ou $\frac{20}{45}$ de sa dette, d'où l'on voit que les $\frac{20}{45}$ ou $\frac{4}{9}$ de la dette = 40 fr.

$\frac{1}{9}$ sera $\frac{40}{4}$ ou 10 fr. et les $\frac{9}{9}$ seront 10 $\times$ 9 ou 90 fr.

Cet homme devait 90 fr.

434. 33 hectol. de blé vaudraient 15 $\times$ 33 ou 495 fr. Or on n'a payé que 450 fr. Chaque hectolitre de blé, remplacé par 1 hectol. d'orge, produit une diminution de 15 — 12 ou 3 fr. Donc, en divisant 495 — 450 ou 45 par 3, le résultat 15 sera le nombre des hectol. d'orge. On avait acheté 15 *hectol. d'orge* et 33 — 15 ou 18 *hectol. de blé*.

435. [1] Le lingot pèse 357 + 63 ou 420 gr.; il ren-

---

ferme les $\frac{357}{420}$ de son poids, en or pur; il est donc au titre de $\frac{357}{420}$, ou 0,85, ou, enfin, $\frac{850}{1000}$.

On a vu au problème 262 que le gramme d'or pur vaut $\frac{31}{9}$ fr.; les 357 gr. vaudront $\frac{357 \times 3.1}{9} = 1229$ fr., 66 $\frac{2}{3}$.

436. 40 pièces de 40 fr. donneraient une longueur de $0,026 \times 40$ ou 1 m., 040, longueur de 1,040 — 1 ou 0 m., 040 millim, en plus de 1 mètre.

Chaque pièce de 40 fr., remplacée par une pièce de 20 fr., donnera une diminution de 0 m., 026 — 0 m., 021 ou 0 m., 005 : donc en divisant 40 par 5 le quotient 8 sera le nombre de pièces de 20 fr.

Il faudra mettre 40 — 8 ou 32 pièces de 40 fr. et 8 pièces de 20 fr.

437. Si l'on prenait 20 pièces de 20 fr., on aurait 20×20 ou 400 fr.

Or, on ne doit que 250 fr., on aurait payé de trop 400 — 250 ou 150 fr.

Chaque pièce de 20 fr., qu'on remplacera par une pièce de 5 fr., produira une diminution de 20 — 5 ou 15 fr. Il faudra donc prendre 150 : 15 ou 10 pièces de 5 fr. et 20 — 10 ou 10 pièces de 20 fr.

438. La somme des deux fractions $\frac{1}{4}$ et $\frac{2}{7}$ étant $\frac{15}{28}$, les 56000 fr. expriment les $\frac{28}{28} - \frac{15}{28}$ ou $\frac{13}{28}$ du bien à partager.

$\frac{1}{28}$ sera $\frac{56000}{43}$ et le bien total $\frac{56000 \times 28}{13} = 120615$ fr. $\frac{5}{13}$.

Le fils aura $120615 \frac{5}{13} \times \frac{1}{4}$ ou 30153 fr. $\frac{11}{13}$; et la fille, $120615 \frac{5}{13} \times \frac{2}{7} = 34461$ fr. $\frac{7}{13}$.

439. Puisque la 1re fontaine remplit le bassin en 2 h. $\frac{3}{4}$ ou $\frac{11}{4}$ d'heure, en $\frac{1}{4}$ d'h., elle en remplira $\frac{1}{11}$; de même la 2^{e} pouvant le remplir en 1 h. $\frac{1}{2}$ ou $\frac{6}{4}$, en remplira $\frac{1}{6}$ en $\frac{1}{4}$ d'heure.

Les deux fontaines, coulant ensemble, rempliront, en $\frac{1}{4}$ d'h. $\frac{1}{11} + \frac{1}{6}$ ou $\frac{17}{66}$ du bassin : elles mettront donc $\frac{66}{17}$ de quart d'heure ou $\frac{6 \times 15}{17}$ ($\frac{1}{4}$ vaut 15 minutes), ou 58 minutes $\frac{4}{17}$.

440. En représentant par 1 la mise du 1er, les proportions suivantes feront connaître les deux autres nombres proportionnels :

$1 : x :: \frac{3}{4} : \frac{4}{5}$ ou $1 : x :: \frac{15}{20} : \frac{16}{20}$ ou, enfin, $1 : x :: 15 : 16$, d'où $x = \frac{16}{15}$, et ensuite $x : \frac{16}{15} :: \frac{8}{7} : \frac{5}{6}$, $x = \frac{768}{725}$.

La question est ainsi ramenée à partager d'abord 36000 fr. proportionnellement à 1, $\frac{16}{15}$ et $\frac{768}{525}$ ou $\frac{525}{525}$, $\frac{560}{525}$ et $\frac{768}{525}$.

Multipliant ces trois dernières fractions par leur dénominateur commun, les rapports ne changent pas, et les nombres proportionnels deviennent 525, 560 et 768, ce qui donne :

$$1853 : 36000 :: \begin{cases} 525 : x, \text{ m. du 1er } 10199 \text{ fr., } 67. \text{ r. } 1149 \\ 560 : x, \text{ m. du 2e } 10879 \text{ fr., } 65. \text{ r. } 855 \\ 768 : x, \text{ m. du 3e } 14920 \text{ fr., } 66. \text{ r. } 1702 \end{cases}$$

Reste, 3706 : 1853 = ... 2... 3706

M. T............... 36000 fr., 00.

G. du 1er $101{,}9967 \times 20 = 2039$ fr., 935.
G. du 2e $108{,}7965 \times 20 = 2175$ fr., 931.
G. du 3e $149{,}2066 \times 20 = 2984$ fr., 134.

G. T....... 7200 fr., 000.

Les gains ont été calculés à moins d'un demi-millième d'unité.

441. On déterminera les mises des associés en opérant comme au problème 428.

On trouvera ainsi que le 1er a mis 16845 fr., le 2e 14650 fr. et le 3e 13500 fr.

Le 4e prélève $1799{,}80 \times 2$ ou 3599 fr., 40 cent.

Il reste pour les 3 1ers $179980 - 3599$ ou 176380 fr., 40 c.

$$1^{re} \quad 16845 \times 24 = \quad 404280.$$
$$2^{e} \quad 14650 \times 18 = \quad 263700.$$
$$3^{e} \quad 13500 \times 27 = \quad 364500.$$

M. T. . . .   1032480 fr.

La formule ordinaire donnera les résultats suivants :

G. du 1er 69063 fr., 87. r.   361440.
G. du 2e 45048 fr., 34. r.   139680.
G. du 3e 62268 fr., 18. r.   531360.

r., ...   1. .   1032480.

G. T. . 176380 fr., 40.

442. Pour déterminer les mises, écrivons ainsi les 5 égalités [1] désignant les mises par 1re, 2e, 3e, etc.

1° 1re $+$ 5e = 2850, 2° 2^{e} $+$ 3e = 2150, 3° 3^{e} $+$ 4e = 2750, 4° 2^{e} $+$ 5e = 2950, 5° 1re $+$ 4e = 2350.

Si l'on compare les égalités deux à deux, on obtiendra facilement les rapports que les mises ont entre elles :

4e *égalité* : 2^{e} $+$ 5e = 2950 fr.
1re *égalité* : 1re $+$ 5e = 2850 fr.

La 2e excède la 1re de.   100 fr.
3e égalité : 3^{e} $+$ 4e = 2750 fr.
2e égalité : 3^{e} $+$ 2e = 2150 fr.

La 4e excède la 2e de.   600 fr.

De ces deux comparaisons, on conclut que la 4e excède la 1re de 100 $+$ 600 ou 700 fr. Or :

5e *égalité* : 1re $+$ 4e = 2350 fr.

---

1. Nous devons faire remarquer ici que dans la 1re édition de l'A-rithmétique, il y a dans ce problème une faute typographique ; nous conservons le problème tel que nous l'avons donné. On verra facile-ment le remplacement de 5e par 3e et 3e par 5e.

Et l'on sait que la 4e surpasse la 2e de 700 fr.; donc :

La 1re $= \frac{2350-700}{2} =$ 825 fr., la 4e $=$ 2350 — 825 ou 1525 fr., la 5e $=$ 2850 — 825 ou 2025 fr., la 3e $=$ 2750 — 1525 ou 1225 fr., la 2e $=$ 2150 — 1225 ou 925 fr.

Ainsi : la mise du 1er est 825 fr.; celle du 2e, 925 fr.; celle du 3e, 1225 fr.; celle du 4e, 1525 fr.; celle du 5e, 2025 fr.

Mise totale : 6525 fr.

Gain total : 13750 — 700 ou 13050 fr.

Gain de 1 fr. : $\frac{13050}{6525}$ ou 2 fr.

D'où l'on voit que les gains des associés s'obtiendront en multipliant leurs mises par 2, ce qui donnera :

1er 1650 fr., 2e 1850 fr., 3e 2450 fr., 4e 3050 fr. et 5e 4050 fr.

443. Si le joueur avait gagné toutes les parties, il aurait 0,75 $\times$ 6 ou 18 fr. Mais il n'a gagné que 6 fr. Or, chaque partie perdue lui produit une diminution, sur son gain, de 0 fr., 75 + 0 fr., 25 ou 1 fr. Il a donc perdu 18 — 6 ou 12 parties et il en a gagné 24 — 12 ou 12, de sorte qu'il a gagné 0,75 $\times$ 12 ou 9 fr. et il a rendu 0,25 $\times$ 12 ou 3 fr. Il lui reste 9 — 3 ou 6 fr.

444. En 1 minute, le voleur fait 0, kilom., 1 ; et, en 2 minutes, il fait 0 kilom., 2. Pendant le même temps les gendarmes font 0 kilom., 3.

En 2 minutes, les gendarmes se rapprochent du voleur de 0,3 — 0,2 ou 0,1 de kilom.; et en 1 minute de 0,05 de kilom.

Ils atteindront donc le voleur en 12 : 0,05 ou 240 minutes, ou 4 heures.

445. L'énoncé du problème donne les deux égalités suivantes :

(x désigne la somme d'argent du 1er, et 2e, celle du 2e.)

$$x + \tfrac{1}{2} \text{ de } 2^e = 348, \quad 2^e + \tfrac{2}{3} \text{ de } x = 348.$$

On tire de la 2ᵉ égalité la valeur de la 2ᵉ somme :

$2^e = 348 - \frac{2}{3}$ de x ou simplement $2^e = 348 - \frac{2}{3} x$.

En remplaçant dans la 1ʳᵉ égalité la 2ᵉ par sa valeur, on a :

$x + \frac{1}{2}$ de $(348 - \frac{2}{3} x) = 348$, ou $x + 174 - \frac{1}{3} x = 348$.

Retranchons 174 de chaque membre de l'équation et nous aurons :

$x - \frac{1}{3} x = 348 - 174$ ou $\frac{2}{3} x = 174$, d'où
$\frac{1}{3} = x \frac{174}{2} = 87$, et $x = 87 \times 3 = 261$.

En outre, $\frac{1}{3} x = 87$, et les $\frac{2}{3} x = 87 \times 2$ ou 174 ; on aura enfin la 2ᵉ somme $= 348 - 174$ ou 174.

Ainsi la 1ʳᵉ personne avait 261 fr. et la 2ᵉ, 174 fr.

446. Un raisonnement semblable à celui du problème précédent donnera les résultats suivants :

La somme de la $2^e = 960 - \frac{2}{3} x$; $x + \frac{5}{6}$ de $(960 - \frac{2}{3} x)$ $= 960$, ou $x + 800 - \frac{5}{9} x = 960$, ou $x - \frac{5}{9} x = 960 - 800$ et, enfin, $\frac{4}{9} x = 160$, d'où $\frac{1}{9} x = \frac{160}{4} = 40$ et $x = 40 \times 9 = 360$.

Si l'on retranche 360 de 960, le reste $960 - 360$, ou 600, sera les $\frac{5}{6}$ de la somme de la 2ᵉ personne, qui avait conséquemment $600 \times \frac{6}{5}$ ou 720 fr.

Ainsi la 1ʳᵉ personne avait 360 fr. ; et la 2ᵉ, 720 fr.

447. En 1 heure le 1ᵉʳ ouvrier ferait $\frac{1}{12}$ de l'ouvrage, le 2ᵉ en ferait $\frac{1}{10}$ et le 3ᵉ $\frac{1}{8}$. Si les ouvriers travaillent ensemble, ils en feront $\frac{1}{12} + \frac{1}{10} + \frac{1}{8}$, ou $\frac{10+12+15}{120} = \frac{37}{120}$ en une heure.

Ils mettront donc $\frac{120}{37}$ ou 3 heures 14 minutes $\frac{22}{37}$.

448. Les deux robinets donnent ensemble $12 + 8$ ou 20 m. cub. par heure.

Il faudra à ces robinets $\frac{36}{20}$ d'heure ou 1 h. 48 minutes pour remplir le bassin.

449. En 1 h., la pompe enlève $60 \times \frac{1}{2}$ ou 30 mètres cubes; et, pendant le même temps, il y en rentre 20 mètres. L'eau du bassin diminuera de 30 — 20 ou 10 mètres par heure :

1° Il faudra donc $\frac{36}{10}$ d'heure ou 3 heures 36 minutes pour le vider entièrement. 2° Et, en 3 heures 36 minutes ou 216 minutes, on a enlevé $216 \times \frac{1}{2}$ ou 108 mèt. cubes.

450. En remplaçant les pièces de 5 fr. par des pièces de 20 fr., l'enfant gagne 20 — 5 ou 15 fr. sur chaque pièce. Il avait donc $\frac{120}{15}$ ou 8 pièces de 5 fr. et 8 de 2 fr., qu'il a données; total : $(5 \times 8) + (2 \times 8) = 56$ fr.

451. Quand le capitaine a pris les $\frac{2}{3}$ de la somme, il n'en reste plus que $\frac{1}{3}$ dont les deux lieutenants prennent les $\frac{4}{5}$. Après que ces derniers ont pris leur part, il ne reste plus pour les soldats que $\frac{1}{3} - (\frac{1}{3} \times \frac{4}{5})$, ou $\frac{5}{15} - \frac{4}{15}$, ou, enfin, $\frac{1}{15}$.

Or, ce $\frac{1}{15}$ de la somme est 3×120 ou 360 fr.
Les deux lieutenants ont 360×4 ou 1440 fr.;
Le capitaine, 360×10 ou......... 3600 fr.

Somme donnée........ 5400 fr.

452. En 36 secondes, le chien fait 4×9 ou 36 mèt.; et 1 une seconde, il fait 1 mètre.

En 15 secondes, le lièvre fait $\frac{12}{15} \times 6$ ou 4 m., 80, en 1 seconde, il fait $\frac{4,80}{15}$ ou 0, m., 32.

En 1 seconde, le chien se rapproche du lièvre de 1 — 0,32 ou 0, m., 68. Il l'atteindra après $\frac{980}{0,68}$ ou 1450 secondes, ou, enfin, 24 minutes 10 secondes.

453. $\frac{1}{2} + \frac{1}{3} = \frac{5}{6}$, d'où l'on voit que la revendeuse avait 600 œufs, puisque quand elle en a vendu les $\frac{5}{6}$ de ce qu'elle en avait, il lui en reste encore 8 douzaines + 4 ou 100, ou le $\frac{1}{6}$ de la totalité.

Elle vend 300 œufs à 0 fr., 15. . . .   45 fr.
200 à ($\frac{6}{5} : 12 = \frac{6}{60}$ ou $\frac{1}{10}$) 0 fr., 10.   20
100 à 0 fr., 20.   20
____
Prix de la vente. . . . .   85 fr.
Gain   25
____
Elle avait payé. . . . .   60 fr.

Les 600 œufs ont coûté 60 fr., le cent a coûté 10 fr.

454. Les 2 1res pièces contiennent 50, 20 $+$ 40 $= 90$ m., 20.

Les 90 m., 20 valent $42 \times 90{,}20 = 3788$ fr., 40 cent.

La 3e pièce a coûté 5384 fr., 75 — 3788 fr., 40 ou 1596 fr., 35 cent.

Elle contenait $1596{,}35 : 42$ ou 38 m., 00 $\frac{5}{6}$ de centimètre.

455. Lorsque l'aventurier a dépensé les $\frac{4}{7}$ de son argent, il lui en reste encore les $\frac{3}{7}$, puis il regagne $\frac{3}{7} \times \frac{5}{6}$ ou $\frac{15}{42} = \frac{5}{14}$.

Après ce gain, il a encore $\frac{3}{7} + \frac{5}{14}$, ou $\frac{6}{14} + \frac{5}{14}$, ou les $\frac{11}{14}$ de ce qu'il avait. Or il lui reste $80 + 162$ ou 242 fr.

Il avait donc $\frac{242 \times 14}{11} = 308$ fr.

456. Si 4 m. de drap coûtent 77,28, 1 m. coûte $77{,}28 : 4$ ou 19 fr., 32; 3 m., 5 coûteront $19{,}32 \times 3{,}5 = 67$ fr., 62. Cette dernière somme étant augmentée des $\frac{2}{5}$ de ce qu'avait le jeune homme, il s'ensuit que celui-ci avait d'abord $\frac{62 \times 62{,}5}{7}$ ou 48 fr., 30.

457. Les ouvriers ayant gagné la même somme en des nombres de jours différents, on sera conduit à partager 9 fr., 75 proportionnellement aux fractions $\frac{1}{9}, \frac{1}{12}, \frac{1}{15}$ et $\frac{1}{10}$, ou

$\frac{20}{280}, \frac{15}{280}, \frac{12}{280}$ et $\frac{18}{280}$, ou aux nombres 20, 15, 12 et 18.

La somme des nombres proportionnels étant 65, on a :

$$65 : 9{,}75, \text{ ou}$$
$$6500 : 975, \text{ ou}$$
$$20 : 3 ::$$

$$\begin{cases} 20 : x, & 1^{\text{er}}\ 3 \text{ fr.} \\ 15 : x, & 2^{\text{e}}\ 2 \text{ fr., } 25. \\ 12 : x, & 3^{\text{e}}\ 1 \text{ fr., } 80. \\ 18 : x, & 4^{\text{e}}\ 2 \text{ fr., } 70. \end{cases}$$

Gain d'un jour..... 9 fr., 75.

458. $170{,}50 : x :: 6 : 387$,

$$x = \frac{170{,}50 \times 387}{6} = \frac{1705 \times 387}{60} = \frac{341 \times 129}{4} = 10997 \text{ fr., } 25.$$

459. $70{,}50 : x :: 6 : 143.$

$$x = \frac{70{,}50 \times 143}{6} = 11{,}75 \times 143 = 1680 \text{ fr., } 25.$$

Le père avait gagné 1680 fr., 25 cent.

$96 : x :: 5{,}50 : 1680{,}25.$

$$x = \frac{96 \times 1680{,}25}{5{,}50} = \frac{96 \times 168025}{550} = 611 \times 58 = 29328 \text{ fr.}$$

Le fils avait vendu pour 29328 fr.

460. $54 + 41 = 95.$ Le 2e a $95 : 5$ ou 19 fr. et le 1er 19×4 ou 76 fr. *Perte* du 2e 22 fr.

461. $8 : x :: 53\frac{2}{3} \times \frac{7}{8} : 99 \times \frac{5}{4}$, ou $8 : x :: \frac{1127}{24} : \frac{2970}{24}$; ou, enfin, $8 : x :: 1127 : 2970.$ Cette dernière donne $x = 21$ kil. $\frac{93}{1127}$ de fil.

462. Soit 1 la 4e part, la 3e sera $\frac{4}{5}$; la 2e, $\frac{4}{5} \times \frac{3}{4} = \frac{12}{20}$ ou $\frac{3}{5}$; et la 1re, $\frac{3}{5} \times \frac{2}{3} = \frac{6}{15} = \frac{2}{5}.$

La question est ainsi ramenée à partager 350 fr. proportionnellement à

$\frac{5}{5}, \frac{4}{5}, \frac{3}{5}$ et $\frac{2}{5}$ ou 5, 4, 3, 2,

Ou enfin, en remettant les nombres proportionnels dans l'ordre naturel : 2, 3, 4, 5.

$$14 : 350 :: \begin{cases} 2 : x, & 1^{\text{re}}\ 50 \text{ fr.} \\ 3 : x, & 2^{\text{e}}\ 75 \text{ fr.} \\ 4 : x, & 3^{\text{e}}\ 100 \text{ fr.} \\ 5 : x, & 4^{\text{e}}\ 125 \text{ fr.} \end{cases}$$

Somme à partager. 350 fr.

PROBLÈMES SUR LES INTÉRÊTS COMPOSÉS.

465. On peut avantageusement remplacer la méthode suivie au problème 463 par la suivante :

L'intérêt de 1 fr. (l'argent étant à $4\frac{1}{2}$ p. 100) est 0 fr., 045, en 1 an, de sorte qu'on aura l'intérêt pour un an d'un capital en le multipliant par 0,045; et, comme l'intérêt de chaque année s'ajoute au capital pour porter intérêt l'année suivante, on aura évidemment le capital augmenté des intérêts d'un an, en le multipliant par 1,045. Ainsi le capital 48000 vaudra à la fin de chaque année :

1re année : 48000   × 1,045 = 50160 fr.
2e année : 50160   × 1,045 = 52417 fr., 20.
3e année : 52417,20 × 1,045 = 54775 fr., 974.
4e année : 54775,974 × 1,045 = 57240 fr., 89....
5e année : 57240,89 × 1,045 = 59816 fr., 73...
6e année : 59816,73 × 1,045 = 62508 fr., 48....

L'intérêt composé de 48000 fr. est donc pour 6 ans

62508 fr., 48 — 48000 ou 14508 fr., 48.

N. B. On parviendra au même résultat en multipliant 48000 par la 6e puissance de 1,045, ce qui donnera :

$48000 \times (1,045)^6$, ou $48000 \times 1,30226 = 62508$ fr., 48.... c.; car dans les opérations précédentes, on a multiplié successivement 48000 par 1,045, employé 6 fois comme facteur; c'est-à-dire autant de fois que la durée du prêt renferme d'années.

466. D'après ce qui vient d'être dit au problème précédent, *N. B.*, et la 5e puissance de 1,045 étant 1,2461819..., l'intérêt de 1250 fr. sera $1,2461819 \times 1250$ ou 1557 fr., 73, en 5 ans. L'intérêt de 1557 fr., 73 en 6 mois est 35 fr.

On devra retirer 1557,73 + 35 ou 1592 fr., 73, à moins d'un demi-millième d'unité.

467. Le capital 100 fr. à 6 p. 100 vaut (en calculant comme précédemment), en 3 ans 4 mois, 121 fr., 483632. La proportion suivante donnera le capital demandé :

$$100 : x :: 121,483632 : 4373,42, \quad x = 3600 \text{ fr.}, \text{ à } 0,001$$

près.

468. 8500 fr. valent, à la fin de la 5e année :

$$8500 \times (1,08)^5 = 12489 \text{ fr.}, 2886528 \text{ ou } 12489 \text{ fr.}, 29.$$

L'intérêt de 12489,29 pour 7 mois est :

$$\frac{12489,29 \times 8 \times 7}{100 \times 12} \text{ ou } 582 \text{ fr.}, 83.$$

L'usurier devra retirer 12489 fr., 29 + 582 fr, 83 ou 13072 fr., 12 c.

469. En multipliant 7000 par la 14e puissance de 1,05, on trouve que 7000 fr. vaudront à la fin de la 14e année $7000 \times (1,05)^{14} = 13871$ fr., environ.

470. 1000 fr. valent 1050 fr., à la fin de la 1re année.

Pour la 2e, 1050 + 1000 ou 2050 fr., qui valent, à la fin de la 2e année, 2050 + 102 fr., 50 ou 2152 fr., 50.

Pour la 3e, 2152,50 + 1000 ou 3152 fr., 50, qui valent, à la fin de la même année, 3152 fr., 50 + 157 fr., 625 ou 3310 fr., 125.

Pour la 4e, 3310, 125 + 1000 ou 4310 fr., 125, qui valent, à la fin de la même année, 4310 fr., 125 + 215,50625 ou 5525 fr., 62125.

Au commencement de la 5e année, ou pour les 5 mois, on a 5525,62125 + 1000 ou 6525 fr., 62125.

L'intérêt de cette dernière somme est, pour 5 mois, 135 fr., 95 cent.

On devra retirer 6525,62 + 135,95 ou 6661 fr., 57 c.

471. 10000 fr., placés à 6 p. 100, par an, produiraient 1800 fr. d'intérêts; mais on n'a retiré que 1620 fr. d'intérêts; c'est-à-dire 1800 — 1620 ou 180 de moins. Or une partie du capital 10000 fr. a été placée à 5 p. 100.

Dans le 1er cas, l'intérêt de 1 fr. est 0 fr. 06, en 1 an; et dans le 2e, l'intérêt de 1 fr. est 0 fr., 05 ou 0 fr., 01 de moins par an; en 3 ans, chaque franc produira 0 fr., 03 de moins dans le 2e cas que dans le 1er. Donc : la somme placée à 5 p. 100 est $\frac{180}{0,03}$ ou 6000 fr.; et celle placée à 6 p. 100 est 10000 — 6000 ou 4000 fr.

472. $94,50 : 12000 :: 4,50 : x, x = 571$ fr., $42\frac{6}{7}$.

473. $93,25 : x :: 4,50 : 2400, x = 49733$ fr., $33\frac{1}{3}$.

RÉPONSES DES EXERCICES SUR L'EXTRACTION DES RACINES.

§ Ier. *Racines carrées.*

474. R. 1° 64; 2° 242, r. 220; 3° 1135, r. 1272; 4° 2382, r. 4512; 5° 26221, r. 2988.

475. R. 6918,066, r. 819644.

476. R. 1° 280,10, r. 8650; 2° 9,055, r. 1755.

477. 1° $\sqrt{\frac{64}{81}} = \frac{8}{9}$; 2° $\sqrt{\frac{7}{12}} = \sqrt{\frac{7\times12}{12\times12}} = \frac{9}{12}$ ou $\frac{3}{4}$; 3° $\sqrt{\frac{14}{72}} = \sqrt{\frac{14\times72}{72\times72}} = \frac{31}{72}$; 4° $\sqrt{\frac{58}{89}} = \sqrt{\frac{58\times89}{89\times89}} = \frac{72}{89}$.

478. $\sqrt{14789,4780} = 121$ m., 61 de côté, r. 4859.

§ II. *Racines cubiques.*

479. R. 1° 36, r. 1891; 2° 70, r. 5567; 3° 878, r. 2019877; 3° 148, r. 45633; 4° 139, r. 32590; 6° 184, r. 65291.

480. R. 1° 140,079; 2° 144,337.

481. R. 1° 0,428, r. 64448; 2° 3,96, r. 357644.

482. $\sqrt[3]{4568} = 16$ m., 59 cent.

La cave a 16 m., 59 de longueur, autant de largeur et autant de profondeur.

483. $\sqrt[3]{478,2} = 7$ m., 81 cent. de chaque dimension.

484. R. $48^2 - 47^2$ ou $2304 - 2209 = 95$, $= (3$ fois $47) + 1$.

485. R. $48^3 - 47^3$ ou $110592 - 103823 = 6768$, $= 3$ fois le carré de $47 + 3$ fois $47 + 1$.

PROBLÈMES SUR LES MESURES DE SURFACE.

486. $27,47 \times 27,47 = 754$ m. car., 6009 cent. car.

487. $36,69 \times 45 = 1651$ m. car., 05 décim. car.

488. $247,94 \times 186,48 = 46235$ m. car., 8512 centimètres car.

489. $15,25 \times 8,50 = 129$ m. car., 6250 cent. car.

490. $\frac{8,45 \times 12,50}{2} = 52$ m. car., 8125 cent. car.

491. $\frac{85,40 \times 27,30}{2} = 1165$ m. car., 71 décim. car.

492. $\frac{38,75 + 25,35}{2} \times 34,75 = 1796$ m. car., 5750 centimètres car.

493. $\frac{38,75 + 25,35}{2} \times 24,60 = 788$ m. car., 43 décimètres car.

494. $(75 \times 62) : (0,24 \times 0,24) = 80729$ pierres $\frac{1}{6}$.

495. $(24,75 \times 1248) : (0,18 \times 0,18) = 953333$ pavés $\frac{1}{3}$.

496. $\frac{12,75 \times 9,85}{0,65} = 193$ élèves, reste 0 m. car., 1375 centim. car.

497. $24 \times 31416 = 75$ m., 3984 dix-mill.

498. $\frac{78,95}{3,1416} = 25$ m., 1308 dix-mill.

499. $35 \times 3,1416 = 110$ mètres (à moins d'un demi-millième d'unité).

$\frac{110}{3,1416} = 35$ mètres. Les deux cercles sont égaux (à 1 millième près).

500. 1° $18 \times 18 \times 3,1416 = 1017$ m. car., 8784 centimètres car.

2° $13,5 \times 13,5 \times 3,1416 = 572$ m. car., 5566 centimètres car.

3° Le diamètre $= \frac{84,75}{3,1416} = 26$ m., 97 cent.

La surface $= \frac{26,97 \times 84,75}{4} = 571$ m. car., 2150 centimètres car.

501. $(8,75 \times 3,1416 \times 2,1875 : (0,18 \times 0,09)$
$= 3711 \frac{139}{162}$ ou 3712 pierres.

502. Le diamètre $= \frac{462}{3,1416} = 147$ m., 05 dont le $\frac{1}{4}$ est 36 m., 76 cent.

La surface $= 462 \times 36,76 = 16983$ m. car., 12 décimètres car.

Il y aura $\frac{16983,12}{4,25} = 3994,94$ ou mieux 3995 arbres.

503. $12,25 \times 8 \times 4,19 = 410$ m., 62 cent.

505. $38 \times 1,975 = 75$ m. car., 05 décim. car.

505. On payera pour les côtés :

$(18 + 18 + 12,50 + 1250) \times 4,25 \times 2,75 = 712$ fr., 9375;

Pour le plafond : $12,50 \times 18 \times 1,65 = 371$ fr., 25

Total. . . . . 1084 fr., 1875.

506. $\frac{4,25 + 5,30 + 6,48 + 7,80}{4} = 5$ m., 9575, *largeur moyenne.*

Surface : $5,9575 \times 425 = 2531$ m. car., 9375 cent. car. ou 25 ares 32 centiares.

507. *Surface du cercle* : $24,30 \times 24,30 \times 3,1416 = 1855$ m. car., 083384, ou 1855 m. car., 0834 cent. car.

Prix de la vente : $8,75 \times 1855,0834 = 16231$ fr., 97975.

508. En une seconde la locomotive parcourt $(3,60 \times 3,142) \times 3 = 33,933$ millim. (environ).

Pour parcourir 128000 mèt., elle mettra $\frac{128000}{33,933} = 3772$ secondes et $\frac{1}{2}$ ou 62 minutes 52 secondes et $\frac{1}{2}$.

PROBLÈMES SUR LES MESURES DES VOLUMES.

509. $5 \times 5 \times 5 = 125$ mètres cubes.

510. $4,50 \times 3,25 \times 2,95 = 43$ m. cub., 113 décimètres cubes 750 cent. cub.

511. $24,75 \times 24 \times 0,65 = 339$ m. cub., 300 décimètres cub.

512. $9,75 \times 12 \times 6,50 = 760$ m. cub., 500 décimètres cub.

513. $4,75 \times 0,21 \times 0,09 = 0$ st., 089775 centimètres cubes ou 0,9 de décistère.

514. $0,65 \times 1,75 = 1$ m. cub., 137500 cent. cub.

515. $0,85 \times 0,85 \times 3,142 \times 5,75 = 13$ m. cub., 053046 centim. cub.

516. 1° $4,35 \times 4,35 \times 3,142 \times 2,85 = 169$ m. cub., 422924 cent. cub. ou 169422 litres, 9 décilitres.

2° $5,60 \times 8 \times 3,375 \times 1,8 = 272$ m. cub., 160 déc. cub. ou 272160 litres.

517. $\dfrac{1,85+2,75}{2} \times 3,142 \times 0,45 \times 24,75 = 80$ m. cub., 484525 cent. cub.

518. *Demi-circonférence moyenne :* $\dfrac{6,65+6,65+0,48+0,48}{2 \times 2} \times 3,142$ ou $\dfrac{6,65+7,61}{4} \times 3,142 = 11$ m., 20123.

Cube de la voûte : $11,20123 \times 0,48 \times 12,5 = 65$ mètres cub., 957375 cent. cub.

519. $0,75 \times 0,75 \times 3,14 \times 5,80 = 0$ m. cub., 103625 centim. cub. ou 103 décim. cub., 625 cent. cub.

Le poids sera $103,625 \times 7,5 = 777$ kilog., 187 g. 5 décigrammes.

520. $0,625 \times 0,625 \times 3,14 \times 0,95 = 1$ m. cub., 165234 cent. cub. $= 1165$ lit., 234 mill. ou 1165 kilog., 234 gr.

521. *Diam. moyen. :* $\dfrac{0,85+0,88+1,12+1,12}{4} = 0$ m., 9925, et le rayon 0 m., 496.

Le tonneau contient : $0,496 \times 0,496 \times 3,14 \times 1,75 = 1$ m. cub., 351787 cent. $= 1351$ lit., 79 centil.

522. *Surface de la sphère :* $3,142 \times (1,70 \times 2)$ ou $3,142 \times 3,4 = 10$ m. car., 6828 cent. car.

Cube : $\dfrac{10,6828 \times 1,70}{3} = 6$ m. cub., 053586 centim. cub.

523. *Surface :* $3,14 \times (0,065 \times 2)$ ou $3,14 \times 0,13 = 0$ m., car., 4082 cent. car.

Cube : $\dfrac{0,4082 \times 0,065}{3} = 0$ m. cub., 008844 cent cub. ou 8 déc. cub., 844 centim. cub.

Poids : $8,844 \times 7,5 = 66$ kilog., 13 décag.

524. 1° *Surface de la base* : $\frac{0,75 \times 6 \times 3,66}{2}$ 1 m. car., 53 décim. car.

Cube : $\frac{1,53 \times 23,5}{3} =$ 1 m. cub., 198500 centim. cub.

2° Cube du cône : $\frac{1,85 \times 1,85 \times 3,142 \times 2,60}{3} =$ 9 m. cub., 319700 cent. cub.

525. *Diamètre* : $\frac{40000000}{3,14159} =$ 12732404 m., 204955 etc.

Surface : $127324042019550 \times 4 = 5092961 68078200$ mètres car., environ.

Vol. : Le $\frac{1}{3}$ du rayon ou $\frac{1}{6}$ du diam. $=$ 2122067 m., 36699.

Le cube $= 5092961 68078200 \times 2122067,36699 = 10807607840802362418$ mètres cubes, environ.

Ces résultats n'étant qu'approximatifs, on a omis les décimales dans le dernier.

526. $(3,75 + 0,65) \times 3,1416 \times 0,65 \times 25 = 224$ mètres cub., 627650 cent. cubes.

527. Diam. moy : $\frac{1,85 + 2,09}{2} =$ 1 m., 97;

Rayon, 0, m., 985.

Capacité : $0,985 \times 0,985 \times 3,142 \times 1,75 = 5$ m. cub., 333545 centim. cub. ou 5333 lit., 545 millilit.

528. $0,018 \times 0,34 \times 3,75 \times 100 = 2$ m. cub., 295 décim. cub. ou 22 décist., 95 centièmes de décistère.

---

529. *Premier terme* : $83 - (4 \times 19) = 7$.

Réponse : $\frac{83 + 7}{2} \times 20 = 900$ fr.

530. *Terme moyen ou dix-septième* : $\frac{198}{33} = 6$.

Premier terme : $6 - (0,25 \times 16) = 2$ [1].

Trente-troisième terme : $2 + (0,25 \times 32) = 10$.

Le voyageur fera 2 kilom. dans la première heure, 2 kilom., 25 dans la deuxième, 2 kilom., 50 dans la troisième, ainsi de suite, et 10 kilom. dans la trente-troisième.

531. $(0,45 \times 2^{28}) - 0,45 = 120645618$ fr., 75.

---

1. Dans l'énoncé du problème 530, il faut lire $\frac{1}{4}$ *de kilom.*, au lieu de $\frac{1}{2}$ kilom.

PROBLÈMES

SUR LES RÈGLES DE TROIS, D'INTÉRÊTS, D'ESCOMPTE, DE SOCIÉTÉ, DE MÉLANGES, ETC.

(Pour être donnés aux élèves, en composition ou autrement. Voir les Solutions, page 84.)

1. Un commerçant a gagné 27825 fr. en 428 jours; combien gagnera-t-il en 196 jours, dans les mêmes conditions?

2. 748 mètres de drap ont coûté 4895 fr.; combien en aura-t-on de mètres pour 5700 fr.?

3. Une garnison de 12000 hommes a des vivres pour 175 jours; combien de jours dureront les vivres, si l'on augmente cette garnison de 5600 hommes?

4. La garnison d'une ville assiégée est composé de 18000 hommes, et a des vivres pour 3 mois; combien faut-il faire sortir d'hommes pour que les vivres durent 35 jours de plus?

5. Chaque fois qu'une revendeuse vend pour 65 fr., elle gagne 8 fr.; combien a-t-elle gagné lorsqu'elle a vendu pour 789 fr., 75?

6. Une personne gagne 8 fr. chaque fois qu'elle vend pour 65 fr.; pour qu'elle somme a-t-elle vendu lorsqu'elle a gagné 356 fr.?

7. Un ouvrier a mis 36 heures pour faire 45 m. d'ouvrage; combien sera-t-il d'heures pour en faire 748 m.?

8. 25 ouvriers ont mis 48 heures pour faire un certain ouvrage; combien auraient-ils été d'heures s'ils eussent été 9 ouvriers de moins?

9. Sur 468 hectol. de blé, on a gagné 387 fr., 75; combien gagnerait-on sur 875 hectol. achetés et vendus aux mêmes conditions?

10. Lorsque, sur la vente de 1585 lit. de vin, on gagne 450 fr.; combien faudra-t-il en revendre de lit. pour gagner 825 fr.?

11. On a payé 375 fr. pour une pièce de drap qui avait 25 m. de longueur et 1 m., 15 de largeur; quel sera le prix d'une autre pièce de même qualité qui a 28 m. de longueur et 0 m., 90 de largeur?

12. Lorsque 142 m. de drap, à 1 m., 20 de largeur, ont coûté 1708 fr.; combien aura-t-on de mètres, pour 5124 fr., d'une même qualité de drap qui n'a que 1 m. de large?

13. Lorsque 9 pièces de drap, ayant chacune 24 m. de longueur et 1 m., 20 de largeur, ont coûté 2115 fr.; combien payera-t-on pour 12 pièces de la même qualité, ayant chacune 27 m. de longueur et 0 m., 95 de largeur?

14. Dans un collège, où il y a 425 élèves, on a dépensé, pour leur nourriture, 45836 fr. en 118 jours; combien dépensera-t-on en 148 jours, s'il y a 32 élèves en plus?

15. 36 ouvriers, en 45 jours, travaillant 12 heures par jour, ont fait 9240 m. d'ouvrage; combien faudra-t-il d'ouvriers pour en faire 6160 m., en 36 jours, travaillant 10 heures par jour?

16. Lorsque 18 ouvriers, en 35 jours, ont fait 630 m. d'ouvrage; combien 25 ouvriers seront-ils de jours pour en faire 1820 m.?

17. Les valeurs de deux pièces de drap sont entre elles comme 5 est à 8. 42 m. de la 1re ont coûté 568 fr.; combien coûteront 32 m., 75 de la 2e?

18. Les prix de deux qualités de drap sont entre eux comme 4 est à 5: on a eu 128 m. de la 1re qualité pour 1440 fr.; combien en aura-t-on de la 2e pour 2500 fr.?

19. Un commerçant, avec 8400 fr., a gagné 2700 fr., en 5 ans; combien gagnera-t-il avec 12000 fr., en 4 ans?

20. Une personne avait engagé 6000 fr. dans un certain commerce; au bout de 3 ans 6 mois, elle gagne 2100 fr.; si elle ajoute son gain à la somme primitive, combien retirera-elle au bout de 2 ans 8 mois dans les mêmes conditions?

21. Lorsque 15000 fr. ont rapporté 6400 fr. en 6 ans; combien faudrait-il d'années pour gagner 13200 fr. avec une somme de 17400 fr.?

22. 5 ouvriers, en 45 jours, travaillant 12 heures par jour, ont fait 1500 m. d'ouvrage; combien 8 ouvriers devraient-ils travailler d'heures par jour pour en faire 1200 mètres, en 15 jours?

23. 6 ouvriers ont mis 48 jours pour creuser un fossé qui a 345 m. de longueur, 2 m., 50 de largeur et 1 m., 80 de profondeur; combien faudra-t-il d'ouvriers pour en creuser un autre, en 75 jours, de 456 m. de longueur, 2 m., 25 de largeur et 2 m., 70 de profondeur.

24. 12 ouvriers ont mis 54 jours, travaillant 12 heures par jour, pour creuser un fossé de 248 m. de longueur, 1 m., 50 de largeur et 1 m., 30 de profondeur; quelle sera la longueur d'un autre fossé de 1 m., 75 de largeur et 1 m., 25 de profondeur, creusé par 28 ouvriers en 45 jours, travaillant 9 h. par jour?

25. Lorsque 18 m. de drap ont coûté 225 francs, combien aura-t-on de mètres de velours pour 580 francs, sachant que 5 mètres de drap valent 2 m., 40 de velours?

---

26. Quel est l'intérêt de 4500 fr., placés à 5 p. % par an, pendant 4 ans?

27. Combien 7200 fr. produiront-ils d'intérêts, en 4 ans 8 mois, l'argent étant à $4\frac{1}{2}$ p. % par an?

28. On demande l'intérêt de 12000 francs, placés à $4\frac{1}{2}$ p. % pendant 6 ans 7 mois 15 jours?

29. A 5 p. % par an, combien 1236 fr. produiront-ils d'intérêts en 3 mois 24 jours?

30. Un homme engage un objet au Mont-de-piété, moyennant 65 francs; au bout de 4 mois 15 jours, il va retirer cet objet; que doit-il rembourser, sachant qu'il doit payer en plus des 65 fr. un intérêt de 0 fr., 75 p. % par mois?

31. Un ouvrier avait déposé 582 fr., 75 à la caisse d'épargnes; il va retirer son argent au bout de 10 mois 20 jours; que doit-il recevoir, capital et intérêts, le taux étant $4\frac{1}{2}$ p. % par an?

32. Le capital 27000 fr. a été placé à 5 p. % par an, pendant 15 ans 8 mois 12 jours; quel devra être le remboursement, capital et intérêts?

33. Quel est le capital qui, placé à 5 p. %, a rapporté 1200 fr. d'intérêts en 2 ans?

34. Une personne demande le capital qu'elle doit placer, à 5 p. $\frac{0}{0}$, pour se former une rente annuelle de 2850 fr.?

35. Quelqu'un avait placé un certain capital à $4\frac{1}{2}$ p. $\frac{0}{0}$; il retire 4560 fr. d'intérêts pour 5 ans 8 mois; Quel était ce capital?

36. Quelqu'un avait placé un certain capital à $4\frac{1}{2}$ p. $\frac{0}{0}$; au bout de 7 ans 5 mois, il retire 17850 fr., capital et intérêts; quel était le capital primitif?

37. Au 15 février 1858, un ouvrier avait déposé une certaine somme à la caisse d'épargnes; au 31 décembre suivant, il retire 34 fr., 75 d'intérêts; quelle était la somme déposée, le taux étant $4\frac{1}{2}$ p. $\frac{0}{0}$?

38. A quel taux faut-il placer 8000 fr. pour retirer 2550 fr. d'intérêts, au bout de 6 ans 4 mois 15 jours?

39. Le capital 36900 fr. a produit 14114 fr., 25 d'intérêts, en 8 ans 6 mois; à quel taux était-il placé?

40. Un rentier avait placé 18000 fr. dans une administration; au bout de 6 ans 4 mois 10 jours, il retire ses fonds et reçoit 23725 fr., capital et intérêts; à quel taux son argent était-il placé?

41. A quel taux faut-il placer 1500 fr. pour retirer 82 francs d'intérêts, en 9 mois 25 jours?

42. Pendant combien de temps faut-il placer 15000 francs à 5 p. $\frac{0}{0}$, par an, pour rapporter 6550 fr.?

43. Pour un capital de 1582 fr., placé à $4\frac{1}{2}$ p. $\frac{0}{0}$, on a retiré 560 fr. d'intérêts; quel est le temps?

44. On place 2800 francs à $4\frac{1}{2}$ p. $\frac{0}{0}$, le 1er janvier 1859; à quelle époque le capital, joint aux intérêts, s'élèvera-t-il à 3600 fr.?

45. Un commerçant avait emprunté 12600 fr., à $4\frac{1}{2}$ p. $\frac{0}{0}$; il rend 18300 fr., capital et intérêts; pendant combien de temps a-t-il gardé ce capital?

46. Pendant combien de temps faut-il placer 8700 fr., à 5 p. $\frac{0}{0}$ par an, pour obtenir un capital tel que, le plaçant à $4\frac{1}{2}$ p. $\frac{0}{0}$, on obtienne une rente journalière de 2 fr.?

47. Un militaire avait placé 2400 fr. à 5 p. $\frac{0}{0}$; au bout de 6 ans 3 mois 18 jours, il veut retirer ses fonds; que doit-il recevoir, capital et intérêts?

48. Le capital 45000 fr., placé dans une administration, a rapporté 16200 fr., en 5 ans 7 mois; à quel taux était-il placé ?

49. Un capital, augmenté de ses intérêts pour 7 ans 9 mois 10 jours, vaut 28500 fr.; quel est ce capital, l'argent étant placé à 5 p. $\frac{0}{0}$?

50. Pendant combien de temps faut-il placer le capital 18000 fr. à 4 $\frac{1}{2}$ p. $\frac{0}{0}$, pour qu'on ait 28300 fr., capital et intérêts ?

51. Quel est l'escompte de 850 fr. à 4 $\frac{1}{2}$ p. $\frac{0}{0}$ par an ?

52. On propose d'escompter un billet de 1500 fr., payable dans 8 mois, à 6 p. $\frac{0}{0}$.

53. Quelle est la retenue qui doit être faite sur un billet de 1680 fr., payable dans 15 mois à 6 p. $\frac{0}{0}$ par an, si on veut l'échanger contre des espèces ?

54. Un billet de 750 fr., payable au 31 décembre 1858, a été escompté le 12 mai précédent à 6 $\frac{1}{2}$ p. $\frac{0}{0}$ par an ; combien a-t-on dû recevoir ?

55. Une personne a fait escompter un billet de 480 francs, payable dans 9 mois 15 jours ; elle n'a reçu que 457 fr., 20. On demande le taux de l'escompte.

56. Pour un billet de 8400 fr., payable dans 7 mois 9 jours, on n'a reçu que 8093 fr., 40 ; quel a été le taux de l'escompte ?

57. Un billet, payable dans 11 mois 15 jours, a été escompté pour 471 fr., 25, à 6 p. $\frac{0}{0}$; de quelle somme était ce billet ?

58. Un commerçant fait escompter un billet, payable dans 18 mois, à 6 p. $\frac{0}{0}$ et reçoit 1633 fr., 45 ; quelle était la somme portée dans le billet?

59. Un billet de 840 fr. a été escompté à 5 p. $\frac{0}{0}$ et a subi une retenue de 24 fr., 50; à quelle époque était-il payable ?

60. On escompte un billet de 2500 fr., à 6 p. $\frac{0}{0}$, pour 2460 fr.; quelle était l'époque de son échéance ?

61. Lorsque pour 92 fr., 50, on a 4 fr., 50 de rente ; combien en aura-t-on pour 7800 fr.?

62. Combien pourra-t-on acheter de rentes pour 15000 fr., en prenant du 4 $\frac{1}{2}$ p. $\frac{0}{0}$, au cours de 93 fr., 35 ?

63. Quel capital faut-il pour acheter 2500 fr. de rentes, en prenant du 4 $\frac{1}{2}$ p. $\frac{0}{0}$, au cours de 95 fr., 60 ?

64. Une personne veut acheter des rentes pour 12000 fr. : le 3 p. $\frac{0}{0}$ vaut 71 fr., 75 et le 4 $\frac{1}{2}$ p. $\frac{0}{0}$ vaut 97 fr. ; lequel des deux doit-elle préférer ?

65. On vend 2450 fr. de rentes à 4 $\frac{1}{2}$ p. $\frac{0}{0}$, au cours de 93 fr., 60 ; quel est le capital qu'on doit retirer ?

66. Un spéculateur avait acheté du 4 $\frac{1}{2}$ p. $\frac{0}{0}$, au cours de 87 fr., 60 pour 18500 fr. ; il revend ses fonds à 4 $\frac{1}{2}$ p. $\frac{0}{0}$, au cours de 92 fr., 50 ; combien a-t-il gagné ?

67. Un particulier revend 1800 fr. de rentes 4 $\frac{1}{2}$ p. $\frac{0}{0}$, au cours de 98 fr., 75, pour reprendre du 3 p. $\frac{0}{0}$, au cours de 62 fr., 50. On demande ce qu'il aura de bénéfice ou de perte.

68. Lorsque le 4 $\frac{1}{2}$ p. $\frac{0}{0}$ vaut 95 fr., quelle est la valeur du 3 p. $\frac{0}{0}$?

---

69. Quelle est la valeur de 18500 fr., placés à 5 p. $\frac{0}{0}$, par an, pendant 4 ans 6 mois, ayant égard aux intérêts composés ?

70. Un ouvrier ayant placé 540 fr., à la caisse d'épargne, retire son argent au bout de 4 ans 5 mois. Le taux étant 4 $\frac{1}{2}$ p. $\frac{0}{0}$, que doit-il recevoir, capital et intérêts composés ?

71. Un commerçant avait emprunté 12600 fr., à 5 p. $\frac{0}{0}$; il veut rembourser le capital et les intérêts après 6 ans 5 mois; que doit-il ?

72. Quelqu'un achète une propriété pour 4500 fr., à condition qu'il ne payera que dans 4 ans 3 mois 18 jours ; mais qu'il payera les intérêts de la somme à 5 p. $\frac{0}{0}$. On demande ce qu'il doit payer, ayant égard aux intérêts des intérêts.

73. Quel est le capital qui, étant placé à 5 p. $\frac{0}{0}$ par an, vaut, après 6 ans, 16081 fr., 1476875, capital et intérêts composés ?

74. Un certain capital, placé pendant 3 ans 7 mois, à 5 p. $\frac{0}{0}$, vaut 53612 fr., 5078125; quel est ce capital, ayant égard aux intérêts des intérêts ?

75. Pendant combien de temps faut-il placer 12600 fr., à

5 p. ⅖ par an, pour retirer 4636 fr., 80 d'intérêts composés?

---

76. Quatre personnes ont fait une entreprise pour laquelle la 1re a mis 12000 fr.; la 2e, 15000 fr.; la 3e, 18300 fr.; et la 4e, 14300 fr. Elles ont gagné 80 p. ⅖ sur leur mise totale; que revient-il à chaque personne, à proportion de sa mise?

77. Cinq associés avaient formé un capital de 48000 fr. Le 1er avait mis 6300 fr.; le 2e, 1200 de plus que le 1er; le 3e, les ⅖ des mises réunies des deux 1ers; le 4e, 8400 fr.; et le 5e, le reste. Ils ont gagné 45 p. ⅖; que revient-il à chaque associé?

78. Deux négociants ont fait une entreprise qui a duré 2 ans et ½; ils ont gagné 61000 fr. Que revient-il à chacun, sachant que le 1er a fourni 6000 fr., en commençant, et 2000 fr., 20 mois plus tard; que le second, ayant d'abord mis 15000 fr., en a retiré 9000 fr., au bout de 1 an?

79. Une personne doit à ses quatre créanciers : 1500 fr., 2400 fr., 2700 fr. et 5600 fr.; mais étant obligée de payer, elle n'a que 6100 fr.; combien recevra chaque créancier?

80. Trois associés ont gagné 3375 fr. On ne connaît pas leurs mises : on sait seulement que celle du 1er + celle du 2e = 9150 fr.; que celle du 2e + celle du 3e = 13450 fr. et que celle du 1er + celle du 1er + celle du 3e = 14350 fr. On demande le gain et la mise de chaque associé.

81. Quatre commerçants ont réuni un fonds de 49500 fr. et ont gagné 65 p. ⅖. Le 2e avait mis les ⅖ de la mise du 1er; le 3e, les ⅖ de celle du 1er; et le 4e, la moitié d'autant que les deux 1ers; quels sont les mises et les gains de chaque associé?

82. Quatre associés ont fait une entreprise dans laquelle ils ont gagné 85 p. ⅖ sur leur mise totale, qui était 29680 fr. Le 2e avait mis 380 fr. de plus que le 1er; le 3e, 480 fr. de plus que le 2e; et le 4e 580 fr. de plus que le 3e. On demande la mise et le gain de chaque associé.

83. Les mises de 4 associés sont entr'elles comme les fractions ½, ¼, ⅓ et ⅕; le gain total est 28350 fr. On demande la mise et le gain de chaque associé, sachant que la société a gagné 54 p. ⅖ sur sa mise totale?

84. Trois personnes ont réuni un capital de 23500 fr. La mise de la 1re : celle de la 2e :: 4 : 5; celle de la 2e : celle de la 3e :: 3 : 4. Le capital a produit un bénéfice de 40 p. $\frac{0}{0}$. On demande la mise et le gain de chaque personne.

85. Un homme avait, par son testament, partagé son bien entre ses deux neveux et ses trois nièces, de la manière suivante : l'un des neveux prendra 26000 fr. et l'autre 20000 fr.; l'une de nièces prendra 24000 fr.; la 2e, 20000 fr.; et la 3e, 18000 fr. Or, il arrive, qu'après le payement des dettes laissées par le testateur, la succession n'est plus que de 81000 fr.; quelle est la part de chaque héritier ?

———

86. On a mélangé 132 litres de vin à 0 fr., 40 le lit. avec 236 lit. à 0 fr., 35, 442 lit. à 0 fr., 30 et 145 lit. à 0 fr., 25. On demande le prix d'un litre du mélange.

87. Quel est le prix du kilog. d'un alliage composé de 58 kilog. de cuivre, à 2 fr., 45 le kilog., fondu avec 16 kilog. d'étain à 4 fr., 75 le kilog. ?

88. On a fondu ensemble trois lingots d'or : le 1er, au titre de 0,80, pesait 224 gr.; le 2e, au titre de 0,86, pesait 224 gr.; et le 3e, au titre de 0,9, pesait 192 gr. Quel est le titre du nouvel alliage ?

89. Combien faut-il prendre de litres de vin à 0 fr., 56 et à 0 fr., 75 le litre, pour former un mélange de 640 litres, qui revienne à 0 fr., 65 le litre ?

90. Combien faut-il prendre de grammes d'or aux titres de 0,75 et de 0,9 pour former un alliage de 450 gr. qui soit au titre de 0,85 ?

91. Quelle quantité de cuivre faut-il ajouter à 126 gr. d'or pur, pour former un alliage qui soit au titre de 0,9, et quelle sera la valeur du nouveau lingot ?

92. Quelle quantité de vin, à 0 fr., 25 le litre, faut-il ajouter à 264 lit. d'une autre qualité de vin à 0 fr., 55, pour que le mélange revienne à 0 fr., 40 le litre

93. Un lingot d'or, à 0,9 de fin, pèse 270 gr.; combien de gr., à 0,75 de fin, faut-il y ajouter pour obtenir un alliage au titre de 0,84 ?

94. Avec des vins à 0 fr., 45 et à 0 fr., 85, on a rempli une pièce qui contient 240 lit. La pièce vaut 168 fr.; combien y a-t-il de litres de chaque qualité?

95. On fait un mélange avec des vins à 0 fr., 30, 0 fr., 40 et 0 fr., 56 le litre, en prenant la même quantité de chacune de ces trois sortes de vin. Le mélange vaut 189 fr.; combien contient-il de litres de chaque sorte?

96. Combien faut-il ôter de cuivre à 60 kilog. d'argent, au titre de 0,85, pour que l'alliage restant soit au titre de 0,95?

97. On offre à un marchand 30 décalitres d'eau-de-vie à 16 degrés pour 480 fr., et 40 décalitres d'une autre qualité à 20 degrés pour 820 fr. Laquelle de ces deux offres doit-il préférer?

98. On propose de trouver une fraction égale à $\frac{5}{7}$ et dont la différence entre les deux termes soit 24.

99. Un héritage se montant à 17765 fr. a été ainsi réparti entre trois héritiers: Le 2ᵉ a eu les $\frac{5}{7}$ de la part du 1ᵉʳ et la part du 3ᵉ : la somme de ce qu'ont eu les 2 1ᵉʳˢ :: 7 : 12. On demande la part de chacun.

100. Un commerçant emploie l'argent qu'il a retiré de la vente de 45 hectol. de vin, à 48 fr. l'hectol., pour acheter de la toile coûtant 60 fr. la pièce de 20 m. Avec cette toile, il fait confectionner des chemises contenant chacune 2 m. et coûtant 1 fr. de façon. Combien devra-t-il vendre la douzaine de ces chemises, pour gagner 300 fr. sur le tout?

SOLUTIONS

DES PROBLÈMES PRÉCÉDENTS.

1. $\dfrac{27825 \times 196}{428} = 12742$ fr., $289 \frac{77}{107}$.

2. $\dfrac{748 \times 5700}{4895} = 871$ m., $011 \frac{21}{89}$.

3. $\dfrac{12000 \times 175}{17600} = 119$ j. $\frac{7}{22}$.

4. $\dfrac{18000 \times 90}{125} = 12960$,

Rép. $18000 - 12960 = 5040$ hommes.

5. $\dfrac{8 \times 789,75}{65} = 97$ fr., 20.

6. $\dfrac{65 \times 356}{8} = 2892$ fr., 50.

7. $\dfrac{36 \times 748}{45} = 598$ h., 4 ou 598 h. 24 min.

8. $\dfrac{25 \times 48}{16} = 75$ h.

9. $\dfrac{387,75 \times 875}{468} = 724$ fr., $95 \frac{25}{36}$.

10. $\dfrac{1585 \times 825}{450} = 2905$ fr., $83 \frac{1}{3}$.

11. $\dfrac{375 \times 28 \times 90}{25 \times 115} = 328$ fr., $69 \frac{13}{23}$.

12. $\dfrac{142 \times 5124 \times 120}{1708 \times 100} = 511$ m., 20.

13. $\dfrac{2115 \times 12 \times 27 \times 95}{9 \times 24 \times 120} = 2514$ fr., 5625.

14. $\dfrac{45836 \times 457 \times 148}{425 \times 148} = 61817$ fr., $82\frac{228}{5013}$.

15. $\dfrac{36 \times 6160 \times 45 \times 12}{9240 \times 36 \times 10} = 36$ ouv.

16. $\dfrac{18 \times 35 \times 1820}{25 \times 630} = 72$ j., 8.

17. $\dfrac{568 \times 32,75 \times 8}{42 \times 5} = 708$ fr., $64\frac{16}{21}$.

18. $\dfrac{128 \times 2500 \times 4}{1440 \times 5} = 177$ m., $77\frac{7}{9}$.

19. $\dfrac{2700 \times 12000 \times 4}{8400 \times 5} = 3085$ fr., $71\frac{3}{7}$.

20. $\dfrac{2100 \times 100 \times 12}{6000 \times 42} = 10$ p. 100 par an.

$\dfrac{10 \times 8100 \times 32}{100 \times 12} = 2160$ fr.

Rép. $8100 + 2160 = 10260$.

21. $\dfrac{15000 \times 6 \times 13200}{17400 \times 6400} = 10$ ans 8 mois $\frac{1}{58}$.

22. $\dfrac{12 \times 5 \times 45 \times 1200}{8 \times 15 \times 1500} = 48$ h.

23. $\dfrac{6 \times 48 \times 456 \times 225 \times 270}{75 \times 345 \times 250 \times 180} = 6$ ouv., $57\frac{203}{575}$.

24. $\dfrac{28 \times 45 \times 9 \times 248 \times 150 \times 130}{42 \times 54 \times 12 \times 175 \times 125} = 322$ m., 40.

25. $\dfrac{24 \times 18 \times 580}{50 \times 225} = 22$ m., 272.

26. $\dfrac{5 \times 4500 \times 4}{100} = 900$ fr.

27. $\dfrac{45 \times 7200 \times 56}{1000 \times 12} = 1512$ fr.

28. $\dfrac{45 \times 12000 \times 79,5}{1000 \times 12} = 3577$ fr., 50.

29. $\dfrac{5 \times 1236 \times 114}{100 \times 360} = 19$ fr., 57.

30. $\dfrac{0,75 \times 65 \times 4,5}{100} = 2$ fr., 20 (*environ*).

Rép. 67 fr., 20.

31. $\dfrac{45 \times 582,75 \times 320}{1000 \times 360} = 23$ fr., 34.

Rép. 582,75 + 2334 ou 606 fr., 06.

32. $\dfrac{5 \times 27000 \times 5652}{100 \times 360} = 21195$ fr.

33. $\dfrac{100 \times 1200}{5 \times 2} = 12000$ fr.

34. $\dfrac{100 \times 2850}{5} = 57000$ fr.

35. $\dfrac{1000 \times 4560 \times 12}{45 \times 68} = 17882$ fr., 35 $\frac{5}{17}$.

36. 100 fr. valent en 89 mois 133 fr., 375.

Rép. $\dfrac{17850 \times 100}{133,375} = 13383$ fr., 31 $\frac{102875}{143375}$.

37. $\dfrac{100 \times 34,75 \times 365}{319 \times 4,50} = 883$ fr., 57 $\frac{2055}{2871}$.

38. $\dfrac{100 \times 2550 \times 12}{8000 \times 76,5} = 5$ p. 100.

39. $\dfrac{100 \times 14114,25}{36900 \times 8,5} = 4\frac{1}{2}$ p. 100.

40. $\dfrac{100 \times 5725 \times 360}{18000 \times 2290} = 5$ p. 100.

41. $\dfrac{100 \times 82 \times 360}{1500 \times 295} = 6,67\,\tfrac{2}{59}$ p. 100.

42. $\dfrac{100 \times 360 \times 6550}{15000 \times 5} = 8$ ans 8 mois 24 jours.

43. $\dfrac{100 \times 360 \times 5600}{1582 \times 45} = 7$ ans 10 mois 11 jours $\tfrac{37}{113}$.

44. $\dfrac{100 \times 365 \times 800}{2800 \times 4,5} = 6$ ans 127 jours

Rép. Le 7 mai 1865.

45. L'intérêt étant 18300 — 12600, ou 5700 fr.,
on a :

$$\dfrac{100 \times 360 \times 5700}{12600 \times 4,5} = 8 \text{ ans } 8 \text{ mois } 22 \text{ jours } \tfrac{6}{7}.$$

46. 1° Le capital demandé est 16222 fr., 22 $\tfrac{2}{9}$.

2° Le capital primitif 8700 fr., pour rapporter 16222 fr., 22 $\tfrac{2}{9}$ — 8700, ou 7522 fr., 22 $\tfrac{2}{9}$, sera 17 ans 3 mois 23 jours (*environ*).

47. $\dfrac{2400 \times 2268 \times 5}{100 \times 360} = 756$ fr.

Rép. 2400 + 756 ou 3156 fr.

48. $\dfrac{100 \times 12 \times 16200}{45000 \times 67} = 6,44\,\tfrac{52}{67}$ p. 100.

49. En 7 ans 9 mois 10 jours, 100 fr. valent 138 fr., 89.

Rép. $\dfrac{100 \times 28500}{138,89} = 20519$ fr., 84 (*environ*).

50. $\dfrac{100 \times 360 \times 10300}{18000 \times 4,75} = 12$ ans 16 jours $\tfrac{16}{19}$

51. $\dfrac{850 \times 45}{1000} = 38$ fr., 25.

52. $\dfrac{1500 \times 8 \times 6}{100 \times 12} = 60$ fr.

Valeur du billet. $1500 - 60 = 1440$ fr.

53. $\dfrac{1680 \times 15 \times 6}{100 \times 12} = 126$ fr.

Valeur du billet. $1680 - 126 = 1554$ fr.

54. $\dfrac{750 \times 233 \times 6}{100 \times 365} = 28$ fr., $72\,\frac{44}{73}$.

On a reçu $750 - 28,72 = 721$ fr., 28.

55. $\dfrac{100 \times 12 \times 22,80}{480 \times 9,50} = 6$ p. 100

56. $\dfrac{100 \times 360 \times 306,60}{8400 \times 219} = 6$ p. $\frac{0}{0}$.

57. 100 fr. ne valent que 94 fr., 25.

Rép. $\dfrac{100 \times 471,25}{94,25} = 500$ fr.

58. 100 fr. ne valent que 91 fr.

Rép. $\dfrac{100 \times 1633,45}{91} = 1795$ fr.

59. $\dfrac{100 \times 360 \times 24,50}{840 \times 5} = 210$ jours, ou 7 mois.

60. $\dfrac{100 \times 360 \times 340}{2500 \times 6} = 2$ ans 3 mois 6 jours.

-----

61. $\dfrac{7800 \times 4,50}{92,50} = 379$ fr., 459.

62. $\dfrac{15000 \times 4,50}{93,35} = 723$ fr., 085....

63. $\dfrac{95,60 \times 2500}{4,5} = 53111$ fr., 11.

64. 1° 3 p. 100, $\dfrac{12000 \times 3}{71,75} = 501$ fr., 74.

2° 4 $\frac{1}{2}$ p. 100, $\dfrac{12000 \times 4,5}{97} = 556$ fr., 70.

Rép. Le 4 $\frac{1}{2}$ p. 100.

65. $\dfrac{93,60 \times 2450}{4,5} = 50960$ fr.

66. 1° *Achat* $\dfrac{18500 \times 4,5}{87,6} = 950$ fr., 34 *de rentes.*

2° *Vente* $\dfrac{92,5 \times 950,34}{4,5} = 19534$ fr., 76 de nouveau capital.

Rép. 19534,76 — 18500 = 1034 fr., 76.

67. 1° *Vente* $\dfrac{98,75 \times 1800}{4,5} = 39500$ fr.

2° *Achat* $\dfrac{39500 \times 3}{62,5} = 1896$ fr. de rentes.

Rép. 1896 — 1800 = 96 fr. de rentes de bénéfice.

68. $\dfrac{95 \times 3}{4,5} = 63$ fr., 33,...

———

69. Rép. 23049 fr., 05 (*environ*).
70. Rép. 656 fr., 05   (*id.*).
71. Rép. 17236 fr., 80.
72. Rép. 5551 fr., 89 (*environ*).
73. Rép. 12000 fr.
74. Rép. 45000 fr.
75. Rép. 6 ans 5 mois.

76.

	Mises.		Gains.
1re	12000 fr.		9600 fr.

76.

	Mises.	Gains.
1re	12000 fr...........	9600 fr.
2^e	15000 fr...........	12000 fr.
3^e	18300 fr...........	14640 fr.
4^e	14300 fr...........	11440 fr.

Mise totale. 59600 fr. *Gain total.* 47680 fr.

77.

	Mises.	Gains.
1re	6300 fr...........	2835 fr.
2^e	7500 fr...........	3375 fr.
3^e	11500 fr...........	5175 fr.
4^e	8400 fr...........	3780 fr.
5^e	14300 fr...........	6435 fr.

M. T.... 48000 fr. G. T.... 21600 fr.

78. Mise du 1er $(6000 \times 30) + (2000 \times 10) = 200000$.
Mise du 2^e $(15000 \times 12) + (6000 \times 18) = 288000$.
Le 1er gagne 25000 fr.; et le 2^e, 36000.

79.

	Dettes.	Payements proportionnels.
1re pers.	4500 fr......	750 fr.
2^e	2400 fr......	1200 fr.
3^e	2700 fr......	1350 fr.
4^e	5600 fr......	2800 fr.

D. T. 12200 fr. P. T.. 6100 fr.

80.

	Mises.	Gains.
1re	3425 fr...........	685 fr.
2^e	5625 fr...........	1125 fr.
3^e	7825 fr...........	1565 fr.

M. T. 16975 fr. G. T... 3375 fr.

81.

	Mises.	Gains.
1re	$15000 \times 0,65 = 9750$ fr.	
2^e	$10000 \times 0,65 = 6500$ fr.	
3^e	$12009 \times 0,65 = 7800$ fr.	
4^e	$12500 \times 0,65 = 8125$ fr.	

M. T.. 49500 fr. G. T. 32175 fr.

82.

	Mises.	Gains.
1re	$6750 \times 0,85 =$	5730 fr., 50.
2e	$7130 \times 0,85 =$	6060 fr., 50.
3e	$7610 \times 0,85 =$	6468 fr., 50.
4e	$8190 \times 0,85 =$	6961 fr., 50.

M. T.. 29680 fr. G. T. 25228 fr., 00.

83.

	Mises.	Gains (v. probl. 397).
1re	11200 fr.....	6048 fr.
2e	12600 fr.....	6804 fr.
3e	14000 fr.....	7560 fr.
4e	14700 fr.....	7938 fr.

M. T... 52500 fr. G. T. 28350 fr.

84.

	Mises.	Gains.
1re	6000 fr.......	2400 fr.
2e	7500 fr.......	3000 fr.
3e	4000 fr.......	4000 fr.

M. T.. 23500 fr. G. T. 9400 fr.

85.

	Sommes promises.	Part de chacun.
1re	26000 fr........	19500 fr.
2e	20000 fr........	15000 fr.
3e	24000 fr........	18000 fr.
4e	20000 fr........	15000 fr.
5e	18000 fr........	13500 fr.

S. T. 108000 fr. Héritage T. 81000 fr.

---

86. Rép. 0 fr., 31 $\frac{164}{191}$ le lit.

87. Rép. 2 fr., 94 $\frac{27}{37}$ le kilog.

88. Rép. Le titre est 0,851.

89. 352 lit. à 0 fr., 56 et 288 lit. à 0 fr., 74.

90. 150 gr. à 0 fr., 75 et 300 gr. à 0,90.

91. Rép. 1° 14 gr. de cuivre; 2° 434 fr.

92. Rép. 264 litres.

93. Rép. 180 grammes.

94. Rép. 150 lit., à 0 fr., 85; et 90 lit., à 0 fr., 45.

95. Rép. 150 lit. de chaque sorte.

96. R. $(0,95 - 0,85) \times 60 = 6$ kilog.

97. 1° $30 \times 16 = 480^0$ pour 480 fr.

2° $40 \times 20 = 800^0$ pour 820 fr.

Il faut préférer la 1re.

98. R. Le 1er a eu 5100 fr., le 2e 6120 fr. et le 3e 6545 fr.

99. Multiplier les 2 termes par 24 : (7—4) ou 8, ce qui donnera $\frac{32}{56}$.

100. Rép. 94 fr.

SOLUTIONS

DES EXERCICES ET PROBLÈMES

DE LA

Petite Arithmétique élémentaire.

NOMBRES ÉCRITS EN CHIFFRES (*Page* 10).

9. 45—28—16—36—75—86—96.
10. 106—309—515—712—947—858.
11. 5000—4700—9825—7015—6005.
12. 22030—40001—56318—68037.
13. 619434—706015—48007—800028.
14. 186115—775178—910147.
15. 8000000—700059—4000028—15007305.

NOMBRES ÉCRITS EN CHIFFRES (*Page* 16).

31. 0,6—0,4—0,7—0,8—0,9—0,05—0,06—0,02.
32. 0,20—0,30—0,60—0,45—0,68—0,25.
33. 0,008—0,009—0,017—0,045—0,075—0,015—0,096—0,0009.
34. 0,758—0,562—0,368—0,019.
35. 0,0054—0,0908—0,0784—0,000006.
36. 15,142—12,58—49,15.
37. 32005,347—55014,,2005—302027,0076.

38. 0,000092—0,0004516—3,1416—0,000028.
39. 148003004,69—0,910—0,0900.
40. 0,1500—1,510—0,310—0,0300.

N. B. Les exercices 16..... 20 et 41..... 50 étant très-faciles, d'après les principes des n⁰ˢ 17 et 27, nous ne croyons pas devoir en donner ici les réponses; nous donnerons seulement un modèle de ces solutions :

41. *Nombre :* 3,45.   *Nombre :* 6,75.   *Nombre :* 9,154.

1er {1° 34,5.	2e {1° 67,5.	3e {1° 91,54.
2° 345.	2° 675.	2° 915,5.
3° 3450.	3° 6750.	3° 9154.
4° 0,345,	4° 0,675.	4° 0,9154.
5° 0,0345.	5° 0,0675.	5° 0,09154.
6° 0,00345.	6° 0,00675.	6° 0,009154.

On fera la même opération pour chaque nombre, en suivant l'ordre des numéros.

EXERCICES SUR L'ADDITION (*Page* 26).

51. R. 1291.	**64.** R. 239160267.
52. R. 1772.	**65.** R. 998521808.
53. R. 2126.	**66.** R. 21,14.
54. R. 321.	**67.** R. 93,683.
55. R. 1191.	**68.** R. 15,919.
56. R. 1603.	**69.** R. 2096,212.
57. R. 58596.	**70.** R. 1139,8172.
58. R. 11532.	**71.** R. 515,7088.
59. R. 106893.	**72.** R. 1442,93512.
60. R. 67796.	**73.** R. 137112,86363.
61. R. 1461463.	**74.** R. 30631,2462.
62. R. 213098.	**75.** R. 486,466993
63. R. 33907822.	

PROBLÈMES SUR L'ADDITION (*Page* 27).

76. $18 + 24 + 35 = 77$ cerises.
77. $458 + 675 + 1280 = 2413$ fr.
78. $250 + 460 + 1258 + 785 = 2753$ fr.
79. $72 + 132 + 238 + 625 = 1067$ kilog.
80. $36,75 + 9,35 + 23,50 + 18,80 = 88$ fr., 40.
81. $12,85 + 9,75 + 18,85 + 21,86 + 36,40 + 24,25 = 123$ fr., 96.
82. $2872 + 18500 + 7820 = 29192$ fr.
83. $3429 + 1542 + 985 + 2583 = 8539$ hectol.
84. $6540 + 675,50 + 1283 = 8498$ fr., 50.
85. $95,30 + 48,65 + 18,80 + 24,85 = 187$ fr., 60.
86. $24,70 + 27,50 + 31,35 + 29,65 = 113$ m., 20.
87. $1785 + 18 + 15 + 38 = 1856$.
88. $2560 + 850 + 568 + 1542 + 850 = 6370$ fr.
89. $2,45 + 3,75 + 0,85 + 3,65 = 10$ fr., 70.
90. $375 + 480 + 750 + 380 = 1985$ orauges.
91. $36 + 86,75 + 132,48 + 95,75 + 125,35 = 476$ kilog., 33 décag.
92. $365 + 28,75 + 42,35 + 1560 = 1996$ fr., 10.
93. $362,25 + 145 + 250 + 375.25 = 1132$ fr., 50.
94. $1258,50 + 1675,40 + 1470,25 + 987 + 1743,80 = 7134$ fr., 95.
95. $232 + 235 + 215 + 275 + 268 = 1225$ litres.
96. $12,75 + 68,50 + 18,60 + 92,35 = 192$ fr., 20.
97. $48,50 + 32,75 + 64,50 + 18,60 + 870 = 1034$ fr., 35.
98. $15680 + 2840 + 3582 = 22102$ fr.
99. $1250 + 875,50 + 985 + 1385,35 + 895 = 5390$ fr., 85.
100. $24,75 + 25,50 + 28,75 + 25,40 + 29,60 + 32,50 = 166$ m., 50.
101. 1° $345 + 468 + 1287 + 1568 = 3668$ kilog.
2° $21,75 + 865,80 + 138,50 + 142,60 = 1168$ fr., 65.

102. 1º $4 + 19 + 32 = 55$ bâtiments.

2º $375 + 472 + 365 = 1212$ canons.

103. 1º $12 + 49 + 56 + 148 = 265$ jours.

2º $135,70 + 156,60 + 172,50 + 238,75 = 703$ fr., 55.

104. 1º $248 + 375 + 328 + 435 = 1386$ kilog.

2º $188,60 + 195,85 + 217,25 + 214,38 = 816$ fr., 08.

105. 1º $5 + 6 + 8 = 19$ caisses.

2º $725 + 328,35 + 735 = 1788$ kilog., 35 décag.

3º $1250,80 + 215,85 + 389,65 = 1856$ fr., 30.

EXERCICES SUR LA SOUSTRACTION (*Page* 34).

106. R. 2354.

107. R. 5332.

108. R. 33222.

109. R. 30531.

110. R. 659895.

111. R. 508930.

112. R. 882094.

113. R. 311699.

114. R. 2269954.

115. R. 3807226.

116. R. 2275648.

117. R. 6696442.

118. R. 129,06.

119. R. 3041,98.

120. R. 890,949.

121. R. 4356,891.

122. R. 44186,144.

123. R. 90442,9526.

124. R. 218,1538.

125. R. 738,87848.

126. R. 129,918609.

127. R. 166,960878.

128. R. 390,97274.

129. R. 507,063069.

PROBLÈMES SUR LA SOUSTRACTION (*Page* 34).

130. $36260940 - 25367028 = 10893912$.

131. $46736,25 - 28395,75 = 18340,50$.

132. $132827 - 78500 = 54327$.

133. $1200 - 945 = 255$ fr.

134. 4675 — 2387 = 2288 fr.
135. 245 — 158,75 = 86 fr., 25.
136. 846,80 — 530 = 316 fr., 80.
137. 2 — 0,75 = 1 fr., 25
138. 28780 — 24375 = 4405 fr.
139. 1858 — 1806 = 52 ans.
140. 1 — 0,65 = 0, fr., 35.
141. 174275 — 81320 = 92955 hectol.
142. 136 fr., 75 — 87,25 = 49 fr., 50.
143. 15875,35 — 9541,60 = 6333 fr., 75.
144. 6725 — 385,075 = 6339,925.
145. 5 — 4,75 = 0, fr., 25.
146. 82768 — 75828 = 6940 fr.
147. 948 — 179,50 = 768 fr., 50.
148. 28589 — 21985,85 = 6603 fr., 15.
149. 245 — 189 = 56 litres.
150. 8580 — 7835 = 745 kilog.
151. 15 — 12,85 = 2 m., 15.
152. 1500 — 986,75 = 513 fr., 25.

PROBLÈMES SUR L'ADDITION ET LA SOUSTRACTION (*Page* 36.)

153. 1250 + 540 + 1475 + 1858,85 = 5123 fr., 85.
154. 215345 — 128000 = 87345 hommes.
155. 8439 — (7500 + 142,35) = 796 fr., 65.
156. 485 — (175 + 87,75 + 67,25) = 155 fr.
157. 9 — (0,75 + 2,35 + 3,48) = 2 kilog., 42 décag.
158. 138,75 — (24,50 + 12,50 + 8,75) = 93 fr.
159. 2500 — (1245 + 845,50 + 187,85) = 221 fr., 65.
160. 782 — (214,75 + 115,30 + 128,50) = 323 fr., 45.
161. 1° 248 + 265 + 236 + 215 = 964 lit.
2° 964 — 475 = 489 litres.

5

162. $48 - (7,58 + 6,63 + 12,75) = 21$ fr., 04.

163. $600 - (325 + 35 + 123,75) = 116$ fr. 25.

164. $34 - (4,75 + 6,50 + 7,35) = 15$ m., 40.

165. 1° $25428 - 13275 = 12153$ bottes.

2° $8436 - 4328,45 = 4107$ fr., 55.

166. 1° $768 - 481 = 287$ ans entre les 2 1ers.

2° $1643 - 768 = 875$ entre le 1er et le 2e.

3° $1643 - 481 = 1162$ ans entre le 1er et le 3e.

167. $21485 - (15000 + 3475,25 + 128,35) = 2884$ fr. 40.

168. $25475 - (9728 + 7238) = 8509$ mèt. car.

169. $(21,75 + 17,45 + 6,70) - 35,55 = 10$ fr., 35.

170. $15 - (2,75 + 1,25 + 0,35 + 6,50 + 3,20) = 0$ fr., 95.

171. $(7,25 + 8,80 + 9,40 + 8,35 + 6,40 + 10) - 28,75 = 21$ fr., 45.

172. $15396 - (1752 + 3825) = 9819$.

173. $1845,75 - (548,50 + 672,75) = 624$ fr., 50.

174. 1° $748 - 235 = 513$ lignes de grammaire.

2° $1228 - 730 = 498$ lignes d'histoire,

3° $275 - 185 = 90$ lignes de géographie.

4° $513 + 498 + 90 = 1101$ lignes.

175. 1° $275 - (132 + 42) = 101$ mètres.

2° $(2112,85 + 684,75 + 1328,45) - 2845 = 1281$ fr., 05.

176. $37850 - (13478 + 12500) = 11872$ fr.

177. $16 - (3,75 + 1,50 + 2,25 + 1,18 + 0,95) = 6$ fr., 37,

178. 1° $(163,65 + 108,75 + 148,35) - 275 = 147$ fr., 75.

2° $15,75 + 18,25 + 45 = 79$ mètres.

179. 1° $1242 - (342 + 148 + 150) = 502$ litres.

2° $845 - (75 + 82 + 115) = 573$ fr.

180. $(165000 + 15000 + 12000) - (3500 + 6700 + 9600) = 192200$ hommes.

181. $48000 - (12500 + 15800) = 19700$ fr.

182. *Recettes.* $346 + 428,50 + 236,75 + 78,25 = 1089$ fr., 50

Payements. 580 + 348,65 + 262,60 = 1191 fr. 25.
Déficit. 1191,25 — 1089,50 = 101 fr., 75.
185. 1540 — 182 = 1358 fr.

EXERCICES SUR LA MULTIPLICATION (*Page* 46).

184. R. 4050.	212. R. 26010.
185. R. 6776.	213. R. 37632.
186. R. 1864.	214. R. 60032.
187. R. 18288.	215. R. 178294.
188. R. 28170.	216. R. 308085.
189. R. 40446.	217. R. 261944.
190. R. 25029.	218. R. 430695.
191. R. 84160.	219. R. 801021.
192. R. 19915.	220. R. 740025.
193. R. 67356.	221. R. 859662.
194. R. 226600.	222. R. 321000.
195. R. 220746.	223. R. 4712400.
196. R. 85690	224. R. 3804660.
197. R. 246888.	225. R. 3431000.
198. R. 293112.	226. R. 3259200.
199. R. 416943.	227. R. 4765040.
200. R. 293880.	228. R. 3232736.
201. R. 341152.	229. R. 4027018.
202. R. 542592.	230. R. 42208120.
203. R. 124628.	231. R. 498189342.
204. R. 173430.	232. R. 630904322.
205. R. 153500.	233. R. 13508712.
206. R. 360720.	234. R. 144578400.
207. R. 4800.	235. R. 77017776.
208. R. 780.	236. R. 16644216.
209. R. 720.	237. R. 59544075.
210. R. 7866.	238. R. 569226862.
211. R. 15912.	239. R. 5733,25.

240. R. 93916,20.
241. R. 5595,150.
242. R. 36247,72.
243. R. 53235,823.
244. R. 2207,0932.
245. R. 1066,8962.
246. R. 4,65675.
247. R. 15,794375.
248. R. 226,30013.
249. R. 34,418624.
250. R. 0,1359745.
251. R. 0,0493125.
252. R. 0,519230.

253. R. 195,16525.
254. R. 6329,4374.
255. R. 2864,3175.
256. R. 42,0675.
257. R. 23,689800.
258. R. 99,761850.
259. R. 2,29872.
260. R. 1,63371.
261. R. 0,3120.
262. R. 0,27525.
263. R. 0,177390.
264. R. 0,0003395.
265. R. 261729500.

266. R. 7847,56.
267. R. 26782250.
288. R. 16007272000.
269. R. 67847890,2.
270. R. 827250000.
271. R. 785200.
272. R. 42367.
273. R. 67275800.
274. R. 672000.
275. R. 122950,7824475.
276. R. 2784,95.
277. R. 1770,92337156.
278. R. 3242057,40.
279. R. 61040427,50.
280. R. 64106800.
281. R. 28648230.
282. R 269032000.
283. 38,7343200.

PROBLÈMES SUR LA MULTIPLICATION (*Page* 48).

284. $78 \times 5 = 390$ fr.

285. $425 \times 8 = 3400$ pommes.
286. $48 \times 4 = 192$ fr.
287. $17 \times 5 = 85$ fr.
288. $87 \times 9 = 783$.
289. $75 \times 3 = 225$ fr.
290. $78 \times 9 = 702$ noix.
291. $15 \times 45 = 675$ fr.
292. $87 \times 742 = 64554$ fr.
293. $96 \times 48 = 4608$ ares.
294. $15 \times 435 = 6525$ litres.
295. $9 \times 475 = 4275$ fr.
296. $38 \times 742 = 28196$. fr.
297. $16 \times 875 = 14000$ fr.
298. $987 \times 162 = 159894$ fr.
299. $128 \times 879 = 112512$ fr.
300. $187 \times 135 = 25245$ fr.
301. $36742,75 \times 80075C = 2942197751 9$.
302. $642 \times 0,5 = 321$.
303. $1568 \times 0,85 = 1332,80$.
304. $49 \times 0,7 = 34,3$.
305. $0,65 \times 3,75 = 2$ fr., 4375 dix-millièmes.
306. $0,65 \times 0,75 = 0$ fr., 4875 dix-millièmes.
307. $2 \times 0,75 = 1$ fr., 50.
308. $3,45 \times 36 = 124$ fr., 20.
309. $0,35 \times 732 = 256$ fr., 20.
310. $1,85 \times 482 = 891$ fr., 70.
311. $1,35 \times 358 = 483$ fr., 30.
312. $0,68 \times 358 = 243$ fr., 44.
313. $25 \times 0,9 = 22$ fr., 50.
314. $0,075 \times 1748 = 131$ fr., 10.
315. 1° 354 décam. $= 254 \times 10 = 3540$ mètres.
2° 362 kilom. $= 362 \times 1000 = 362000$ mètres.
3° 46 myriam. $= 46 \times 10000 = 460000$ mètres.
4° 58 kilom. $= 58 \times 1000 = 58000$ mètres.
316. 1° 46 hectol. $= 46 \times 100 = 4600$ litres.
2° 52 décal. $= 52 \times 10 = 520$ litres.

3° 362 hectol. = 362 × 100 = 36200 litres.

4° 32 hectol., 75 = 32,75 × 100 = 3275 lit.

317. 1° 662 kilog. = 662 × 1000 = 662000 grammes.

2° 662 kilog. = 662 × 100 = 66200 décag.

3° 662 kilog. = 662 × 10 = 6620 hectog.,

318. 230 × 6 = 1380 litres.

319. 0,35 × 100 = 35 fr.

320. 1° 0,45 × 10 = 4 fr., 50 le décal.

2° 0,45 × 100 = 45 l'hectol.

321. 4 × 0,75 = 3 fr.

322. 64,25 × 18,35 = 1178 fr., 9875.

323. 0,85 × 28,75 × 24 = 586 fr., 50.

324. 0,28 × 115 × 32 = 1030 fr., 40.

325. 1,15 × 35 × 16800 = 676200 fr.

326. La société recevra autant de fois 4,15 × 28 ou 116 fr., 20 qu'elle a d'ouvriers.

327. 60 × 24 = 1440 minutes.

328. (*Suite*) 1440 × 365 = 525600 minutes.

329. (*Suite*) 525600 × 78 = 40996800 minutes.

330. 48 × 400 = 19200 fr.

331. 6,45 × 12 × 15 = 1161 fr.

332. 24 × 500 = 12000 litres.

333. 6,35 × 1875 = 11906 kilog., 26 décag.

334. 13,35 × 27,75 × 38 = 14957 fr., 15.

PROBLÈMES SUR LES TROIS PREMIÈRES OPÉRATIONS (*Page* 51).

335. (2,75 × 7,65) + (1,38 × 24,25) = 54 fr., 5025.

336. (1,24 × 365) — 275 = 3462 fr., 60.

337. (27,65 — 24,50) × 1238 = 3899 fr., 70.

338. (48,75 × 854) + 850, — (68 × 854) = 15589 fr., 50.

339. 60 × 24 × 365 × 48 = 25288000 minutes.

340. Cette personne avait 1859 — 1824 ou 35 ans.
R. 60 × 24 × 365 × 35 = 18396000 minutes.

341. $0,45 \times 9 \times 48 = 194$ fr., 40.

342. $(0,038 \times 1800) + 8, - (1800 - 75) \times 0,05$
$= 9$ fr., 85.

343. $0,15 \times 365 \times 8 = 438$ ans.

343 *bis.* $0,19 \times 2,25 \times 12 \times 38 = 194$ fr., 94.

344. $(0,28 \times 2,75) + (2,80 \times 1,35) + (1,60 \times 2,5)$
$+ (0,85 \times 4,6) = 12$ fr., 46.

345. 1re $8500 \times 0.4 = 3400$ fr.
2e $8500 \times 0,6 = 5100$ fr.

346. 1re $36000 \times 0,3 = 10800$ fr.
2e $36000 \times 0,4 = 14400$ fr.
3e $36000 - (10800 + 14400) = 10800$ fr.

347. Prix du litre : $0,25 \times 10 = 2$ fr., 50.
R. $2,50 \times 45 = 112$ fr., 50.

348. $28 \quad \times 18,50 = \quad 518$ fr.
$\quad 32,75 \times 16,75 = \quad 548$ fr., 5625.
$\quad 65,85 \times 14,25 = \quad 938$ fr., 3625.

Total. 126 m., 60 *pour* $\quad$ 1994 fr., 9250.

349. $0,45 \times 234 \times 8 = 842$ fr., 40.

350. $(3 \times 120), - (1,49 \times 120) + 12 + 7,50 = 172$ fr., 50.

351. $2 \times 60 \times 12 \times 125 = 180000$ boulets ou obus.

352. Vente : $0,12 \times (250 \times 12, - 87) = 349$ fr., 56.
$\quad$ Achat : $0,038 \times 250 \times 12 \ldots = 114, \quad 00.$
$\quad$ Gain : $349,56 - 114 \ldots \ldots = 235 \quad 56.$

353. $9842, - (0,15 \times 50000) + 285 = 2057$ fr.

354. $142 \times 2,75 = 390$ fr., 50.
$\quad 138 \times 16 \quad = 2208$ fr.
$\quad 358 \times 9,40 = 3365$ fr., 20.

$\quad$ 1o 638 mèt. 2o 5963 fr., 70.
$\quad$ 3o $5963 - (3000 +, 500 \times 3) = 1463$ fr., 70.

355. Gain : $5,45 \times 365 \ldots \ldots \ldots = 1989$ fr., 25.
$\quad$ Dépenses : $(2,65 \times 365) + 180 = 1147$ fr., 25.

$\quad$ *Reste* $\ldots \ldots \ldots \ldots \ldots 842$ fr.,

R. $842 \times 8 = 6736$ fr.

356. $(3,45 \times 78 \times 56) - (78 \times 50) = 11669$ fr., 60.

357. $(1,38 - 0,97) \times 1586 = 650$ fr., 26.

358. $(1,35 \times 875) - (650 + 188) = 343$ fr., 25.

359. $20, - (1,35 \times 7,25) + (0,05 \times 12 \times 4) + (6 \times 0,45) + (1,25 \times 0,35) = 4$ fr., 675.

360. $6 \times 48 \times 365 \quad = 105120$ kilog. de foin.

$4,5 \times 48 \times 365 = \quad 78840$ kilog. d'avoine.

$5 \times 48 \times 365 \quad = \quad 87600$ kilog. de paille.

Total....... 271560 kilog.

EXERCICES SUR LA DIVISION (*Page* 66).

361. R. 9.

362. R. 8.

363. R. 6.

364. R. 9. *Reste* 2.

365. R. 44.

366. R. 72. *R.* 2.

367. R. 1189.

368. R. 810. *R.* 4.

369. R. 784.

370. R. 8547. *R.* 1.

371. R. 7192. *R.* 8.

372. R. 4040. *R.* 4.

373. R. 10467. *R.* 2.

374. R. 16859.

375. R. 1685. *R.* 36.

376. R. 1046. *R.* 44.

377. R. 404. *R.* 4.

378. R. 719. *R.* 26.

379. R. 703. *R.* 60.

380. R. 984. *R.* 20.

381. R. 10982. *R.* 4.

382. R. 10846. *R.* 38.

383. R. 10585. *R.* 9.

384. R. 9248. *R.* 4.

385. R. 7987. *R.* 26.

386. R. 6345. *R.* 24.

387. R. 19629. *R.* 2.

388. R. 8056. *R.* 70.

389. R. 1104. *R.* 293.

390. R. 1063. *R.* 181.

391. R. 1076. *R.* 264.

392. R. 12150. *R.* 167.

393. R. 926. *R.* 332.

394. R. 2933. *R.* 397.

395. R. 6155. *R.* 363.

396. R. 9140. *R.* 587.

397. R. 22734. *R.* 151.

398. R. 18882. *R.* 138.

399. R. 12235. *R.* 52.

400. R. 12900. *R.* 675.

401. R. 264,7.

402. R. 36,75.

403. R. 4,735.

404. R. 0,7367.

405. R. 22. R. 32000.
406. R. 145,6.
407. R. 33. R. 44000.
408. R. 1881. R. 2700.
409. R. 0,00362.
410. R. 1134,08.
411. R. 565. R. 57000.
412. R. 401. R. 72000.
413. R. 3753. R. 9600.
414. R. 230. R. 52040.
415. R. 1180. R. 14200.
416. R. 47. R. 75200.
417. R. 984 R. 1800.
418. R. 1543. R. 21474.
419. R. 995. R. 17375.
420. R. 29. R. 58602.
421. R. 4633,09. R. 6648.
422. R. 38766,86. R. 390.
423. R. 200080,02. R. 1636.
424. R. 11076,47. R. 272717.
425. R. 845,60. R. 420.
426. R. 29,62. R. 2212.
427. R. 4765064,57. R. 67.
428. R. 6035,87. R. 3771400.
429. R. 239890,89. R. 19370.
430. R. 492,98. R. 8135000.
431. R. 58,44. R. 1400.
432. R. 182,86. R. 877800.

433. R. 143685,95. R. 21635.
434. R. 104,07. R. 24875.
435. R. 495,88. R. 12324.
436. R. 1029,06. R. 4184.
437. R. 1,72. R. 880.
438. R. 57,14. R. 2250.
439. R. 4854,49. R. 556.
440. R. 210,06. R. 1700.
441. R. 26,873. R. 2345.
442. R. 14,837. R. 4576.
443. R. 971,106. R. 22098.
444. R. 1512,735. R. 6550,
445. R. 0,224. R. 334912.
446. R. 4,136. R. 30040.
447. R. 15,438. R. 27120.
448. R. 166,728. R. 13624.
449. R. 14,393. R. 275.
450. R. 70,567. R. 11.
451. R. 0,857 et 0,867.
452. R. 0,494 et 0,639.
453. R. 0,532 et 0,020.
454. R. 1907,040.
455. R. 6350,035.
456. R. 102872,659.
457. R. 0,087.
458. R. 0,169.
459. R. 114,627.
460. R. 0,039.

PROBLÈMES SUR LA DIVISION (*Page* 68).

461. 72 : 6 = 12 billes.
462. 36 : 4 = 9 fois.
463. 63 : 7 = 9.

464. 840 : 5 = 168 fr.
465. 248 : 8 = 31 lignes.
466. 720 : 6 = 120 fr.
467. 54 : 9 = 6 fr.
468. 2394 : 7 = 342.
469. 1200 : 4 = 300 mètres.
470. 359 : 5 = 71 lit., 8 décilitres.
471. 1968 : 82 = 24 fr.
472. 8548 : 75 = 113 fr., 973.
473. 14875 : 89 = 167 sacs, r. 12 lit.
474. 18587 : 95 = 195 ares 70 centiares.
475. 158293 : 78 = 2029 fr., 397.
476. 18736 : 28 = 669 m., 14.
477. 287597 : 39 = 7374,28.
478. 268 : 50 = 5 fr., 36.
479. 16742 : 67 = 249,88.
480. 87275 : 56 = 1558 fr., 48.
481. 519 : 29 = 17 fr., 896.
482. 53248 : 325 = 163 fr., 84.
483. 846 : 12 = 70 ans 5 dixièmes ou 70 ans 6 m.
484. 86278426 : 365 = 236379 ans 91 jours.
485. 48 : 0,75 = 64 personnes.
486. 4782 : 0,45 = 10626 fois, 66.
487. 96,75 : 64 = 1 fr., 51 cent. r 0 fr., 11.
488. 947 : 0,875 = 1082 m., 28.
489. 186272,75 : 9458 = 19 fr., 69.
490. 1500 : 365 = 4 fr. 10, r. 3 fr., 50.
491. 19734,85 : 248 = 79 fr., 576.
492. 75 : 0,064 = 1171 oranges, r. 0,056.
493. Prix du décalitre : 75,50 : 10 = 7 fr., 55.
Prix du litre : 75,50 : 100 = 0 fr., 755.
Prix du décilitre : 75,50 : 1000 = 0 fr., 0755.
494. Prix de l'hectogramme : 4,75 : 10 = 0 fr., 475.
      — du décag. : 4,75 : 100 = 0 fr., 0475.
      — du gramme : 4,75 : 1000 = 0 fr., 00475.

495. Prix de l'are : 6785 : 100 = 67 fr., 85.
— du centiare : 6785 : 10000 = 0 fr., 6785.
496. 125 : 1000 = 0 fr., 125.
497. 48 : 1000 = 0 fr., 048.
498. 48,75 : 100 = 0 fr., 4875.
499. 96,35 : 1000 = 0 fr., 09635.
500. 3742 : 2440 = 2 hectol. 59 lit. 86 centil.
501. 582 : 15000 = 0 fr., 0388.
502. 1295 : 0,35 = 3700.
503. 1248 : 0,25 = 4992 fr.
504. Prix de l'hectol. : 6785 : 95 = 71 fr., 42, r. 10 c.
— du décal. : 71,42 : 10 = 7 fr., 142.
— du litre : 71,42 : 100 = 0 fr., 7142.
505. 0,65 : 0,45 = 1 fr., 44.
506. Prix du gramme : 3,75 : 1000 = 0 fr., 00375.
Rép. 0,75 : 0,00375 = 200 grammes.
507. Prix du décag. : 3,75 : 100 = 0, fr., 0375.
Rép. 1,45 : 0,0375 = 38 décag., 66 décig.
508. Prix du centil. : 6 : 100 = 0 fr., 06.
Rép. 1,25 : 0,06 = 20 centil., 83.
509. Prix du litre : 25 : 100 = 0 fr., 25.
Rép. 15 : 0,25 = 60 lit.
510. Prix du kilog. 22,50 : 100 = 0, fr., 225.
Rép. 17 : 0,225 = 75 kilog. 555 gr. 55 centig.
511. Prix du décistère : 12,75 : 10 = 1 fr. 275.
Rép. 24 : 1,275 = 18 décist., 82, r. 450 dix-mil.
512. Prix du gramme : 8,50 : 1000 = 0 fr., 0085.
Rép. 2 : 0,0085 = 235 gr., 28 centig.
513. 2 : 1,80 = 1 kilog. 111 gr. 11 centig.
514. Prix du kilog. 38 : 1000 = 0 fr., 038.
Rép. 28 : 0,038 = 736 kilog., 578 gr.
515. 1° 132748 : 215000 = 0 kilog., 6175 dix-mil.
2°. 0,6175 × 10 = 6 hectog., 175.
3°. 0,6175 × 100 = 61 décag., 75.
4°. 0,6175 × 1000 = 617 gr., 5 décig.
516. 148 : 0,5 = 148 × 2 = 296 fr.

517. $642 : 0,85 = 755$ fr., 294.
518. $0,70 : 0,85 = 0$ fr., 82.
519. $18 : 0,75 = 24$ fr.
520. $1,90 : 0,85 = 2$ fr., 235.

PROBLÈMES SUR LES QUATRE OPÉRATIONS.
(*Page* 72.)

521. $(44,80 \times 28,50) + (9,25 \times 12) = 532$ fr., 50.
522. $945 - (0,35 \times 234) = 866$ fr., 85.
523. $1750 - (0,38 \times 135) = 1698$ fr., 70.
524. $(6,35 \times 1745) - 2500 = 8580$ fr., 75.
525. $5 - (0,075 \times 24) = 3$ fr., 80.
526. $0,285 \times 127 = 23$ fr., 94.
527. $18500 - (247,75 + 326,30 + 742,50 + 2613,65) = 14539$ fr., 80.
528. $(365,80 + 3678,75 + 428,35) : 0,786 =$ $= 5690,71.$ r. 194.
529. $5842 \times 75,5 = 413891$.
530. $5847 \times 0,85 = 4969,95$.
531. $748 \times 0,95 = 710,60$.
532. 1ʳᵉ $5178 \times 0,6 = 3106$ fr., 80.
         2ᵉ $5178 - 3106,80 = 2071$ fr., 20.
533. Achat : $(35,80 \times 0,75) + (28,75 \times 0,35) =$ 36 fr., 9125.
         Reste : $75 - 36,9125 = 38$ fr., 0875.
534. $87 \times 60 \times 746 = 3894120$ mèt. $= 3894$ kilom., 12 décam.
535. $480000 : 95 = 5052$ minutes 52 centièmes.
         Ou $5052,52 : 60 = 84$ heures 10 min. 52 cent.
536. $512000 : (100 \times 60 \times 9) = 9$ jours 4 heures 20 minutes.
537. $2 \times 12 \times 36 = 864$ mètres.
538. $0,38 \times 2 \times 12 \times 48 = 437$ fr., 76.

539. $3875 : 36 = 107$ h. 38 min. 20 secondes.

540. $0,45 \times 100 \times 7 = 315$ fr.

541. Prix du litre : $18,75 : 100 = 0,1875$.

Rép. $0,1875 \times 234 \times 6 = 263$ fr., 25.

542. $27 : 12 = 2$ fr., 25.

543. $9 : 12 = 0$ fr., 75.

544. $17 : 25 = 0$ fr., 68.

545. $1,725 : 48 = 0,0359$ dix mill. de fois, r. 1800.

546. $(12,50 - 9,85) \times 19,50 \times 17 = 878$ fr., 475.

547. $(285 + 110 + 86) : 328 = 1$ fr., 469.

548. $(638 + 102,85 + 65 + 300) : 58 =$ 19 fr., 066...

549. $(382 + 35) : 18 = 23$ fr.,166... l'hectol.

Rép, $23,166 : 100 = 0$ fr., 2316 le lit.

550. $235 : 0,72 = 326$ bouteilles, r. 28 centilitres.

551. 1° $240 : 0,68 = 353$ bouteilles.

2° $(245 + 50 + 32 + 100) : 353 = 1$ fr., 12, r. 64 centimes.

552. Nourriture : $1,80 \times 365 = 657$ fr.

Logement : $12 \times 12 = 141$ fr.

Extraordinaire. 125 fr.

Dépenses totales. 926 fr.

Economie d'un an : $(4,75 \times 308) - 926 = 537$ fr.

Economie de 9 ans : $537 \times 9 = 4833$ fr.

553. $0,85 \times 9 \times 287 = 2195$ fr., 55.

554. Achat : $4,50 \times 50 \times 50,00 = 225$ fr.

Vente : $0,075 \times (5000 - 75) = 369$ fr., 375.

Gain : 399 fr., $375 - 225 = 144$ fr., 375.

555. Achat : $8 \times 12,00 = 96$ fr.

Vente : $0,13 \times 1200 = 156$ fr.

Gain : $156 - 96 = 60$ fr.

556. Achat : $9,75 \times 15,00 = 146$ fr., 25

Vente : $(1500 : 12) \times 1,70 = 212$ fr., 50.

Gain : $212,50 - 146.25 = 66$ fr., 25.

557. La poire coûte : $2,15 : 100 = 0$ fr., 0215.

    Gain : $(0,05 - 0,0215) \times 7500 = 213$ fr., 75.

558. $175 : (42 \times 12) = 0$ fr., 347.

559. Le décilit. coûte : $125 : 1000 = 0$ fr., 125.

    Gain : $(0,20 - 0,125) \times 1000 = 75$ fr.

560. $0,1 \times 60 \times 24 \times 365 = 52560$ lit. $= 5256$ décal. $= 525$ hectol.., 60 lit.

561. Le litre pèse 1 kilog. et 5 hectol., $75 = 575$ lit.

Rép. 575 kilog. $= 5750$ hectog. $= 57500$ décag. $= 575000$ gr.

562. $0,29 \times 115 \times 35 = 1167$ fr., 25.

563. $15782 - (18,75 \times 138) = 13194$ fr., 50.

564. $2 \times 60 \times 4 = 480$ tours.

565. 1° $75000 : 6,15 = 12195$ tours 12 centièmes.

    2° $12195,12 : 3 = 4065$ min., 04.

566. $(72,25 \times 8,354 \times 40) : (125 \times 12) = 0$ fr., 084.

567. Dépenses.

    1° $2,75 \times 132 = 363$ fr.,

    2° $5,60 \times 362 = 2027$ fr., 20.

    3° $3,75 \times 18 \times 32 = 2160$ fr.

    4° $8500 + 3600 = 12100$ fr.

    Total........ 16650 fr., 20.

    Gain : $25000 - 16650,20 =$ 8349 fr., 80.

568. Dép. journalière : $3,75 \times 365 = 1368$ fr., 75.

    Dép. extr. 15×52 780 fr.,

    Dépense totale........ 2148 fr., 75.

    Reste $8000 - 2148,75 = 6351$ fr., 25.

569. Revenu brut : $(850 \times 4) + (138 \times 34) = 7678$ fr.

    Revenu net : $7678 - 485,65 = 7192$ fr. 35.

570. $(218,50 + 195,75 + 62,80 + 56,40) : 178 = 2$ fr., 996... ou 3 fr.

571. $37482500 : (18 \times 3) = 694120$ jours 37 centièmes.

572. Produit. $\begin{cases} 14,78 \times 35 = 517 \text{ fr., } 30. \\ 0,65 \times 362 = 235 \text{ fr., } 30. \\ \dots\dots\dots\dots \; 1300 \text{ fr.} \\ \overline{\text{Total}\dots\dots\dots 2052 \text{ fr., } 60.} \end{cases}$

Bénéfice 2052,60 — (1568 + 215) = 269 fr., 60.

573. $(21 \times 0,045 \times 1875) - (380 + 182) =$ 1209 fr., 875.

574. 5600 : 6384 = 0 fr., 877, r. 1232 millièmes.

575. 4,75 : 0,85 = 5 fr., 588…

576. 1,75 × 3,75 = 6 fr., 1875.

577. Prix de l'hectog. 1,60 : 10 = 0 fr., 16.

Rép. 0,16 × 162 = 25 fr., 92.

578. Prix du décag. 1,80 : 100 = 0 fr., 018.

Rép. 0,018 × 235 = 4 fr., 23.

579. Prix du gramme : 7,50 : 1000 = 0 fr., 0075.

Rép. 0,0075 × 75 = 0 fr., 5625.

580. 0,35 × 320 = 112 fr.

581. $\begin{aligned} &1° \; 0,15 \times 15 = \quad\;\; 2 \text{ fr., } 25. \\ &2° \; 0,0225 \times 36 = 0 \text{ fr., } 81. \\ &3° \; 0,14 \times 36 = \quad\; \underline{5 \text{ fr., } 04} \end{aligned}$

Rép. ………………… 8 fr., 10

582. Pierre : 48 × 2,15 × 5 = 516 fr.

 Paul : 145 × 2 …… = $\underline{290}$

Paul redoit à Pierre …… 226 fr.

583. (0,36 × 225 × 6) : 12,75 = 38 fr., 157…

584. Achat : (1,95 × 65 × 3) + 18,65 = 398 fr., 90.

Rép. (398,90 + 82) : (65 × 3) = 2 fr., 466.

585. Gain d'un jour : 4,25 + 1,25 + 2,75 = 8 fr., 25.

Économie d'un jour : 8,25 — 3,80 = 4 fr., 45.

Rép. 1560 : 4,45 = 337 jours, 07 centièmes.

586. 0,75 × 6,50 = 4 fr., 875.

587. Le décalitre doit être vendu 35 + 8 = 43 fr., ou 4 fr., 30 le litre.

Rép. 4,30 × 0,75 = 3 f., 225.

588. Achat : $87,35 \times 16,72 = 1460$ fr., 492.

Vente : $1,10 \times 8735 = 1839$ fr., 20.

Rép. $1839,20 - 1460,492 = 378$ fr., 708.

589. Achat : $12,75 \times 15 = 191$ fr., 25.

Rép. $(191,25 + 45) : (25 \times 20 \times 15) = 0$ fr., 031.

590. Prix du kilog. : $35 : 1000 = 0$ fr., 035.

Rép. $0,035 \times 750 = 26$ fr., 25.

591. Prix du kilog. : $48,64 : 100 = 0$ fr., 4864.

Rép. $0,4864 \times 86,45 = 42$ fr., 04928.

592. Prix du décag. : $4,50 : 100 = 0$ fr., 045.

Rép. $0,045 \times 132 = 5$ fr., 94.

593. Prix du litre : $47,35 : 100 = 0$ fr., 4735.

Rép. $0,4735 \times 185 = 87$ fr., 5975.

594. Prix du décag. : $54,35 : 10000 =$ fr., 005435.

Rép. $35 : 0,005435 = 6439$ décag., 74 décig.

595. Prix du kilog. : $138 : 100 = 1$ fr., 38.

Rép. $1,38 \times 728 = 1004$ fr., 64.

596.

Achat.
$$\begin{cases} 0,45 \times 32,50 \times 35 = 511 \text{ fr., } 875. \\ 0,84 \times 27,80 \times 24 = 476 \text{ fr., } 448. \\ 0,95 \times 32,40 \times 32 = 984 \text{ fr., } 960. \end{cases}$$

Total.... 1973 fr., 283.

Vente $(32,50 \times 35) + (27,80 \times 24) + (32,40 \times 32) = 2744$ fr., 50.

Gain : $2744,50 - (1973,283 + 48) = 720$ fr., 217.

597. $0,04 \times 60 \times 16 \times 365 = 14016$ fr.

598. Achat : $0,95 \times 12 \times 34 = 387$ fr., 60.

Rép. $(387,60 + 112) : (12 \times 34) = 1$ fr., 22.

599. On a payé : $748 + 175,80 + 87,45 = 1011$ fr., 25.

Il faut gagner : $748 \times 0,6 = 448$ fr., 80.

Rép. : l'hectol. $(448,80 + 1011,25) : 5 = 292$ fr.

Le litre, 2 fr. 92; le décilitre, 0 fr., 292.

600. $(780 \times 430) - 865 = 345$ fr.

PROBLÈMES SUR LE SYSTÈME MÉTRIQUE.
(*Page* 88.)

602. *Unité* : Le *mètre*.

1°. 14252 + 327,5 + 28,5 + 435 + 284850 + 7342
= 307235 m. = 30723 décam., 5 = 3072 hectom., 35
= 307 kilom., 235.

2°. 35452 + 283750 + 481720 + 283 + 2548
= 803753 m. = 80375 décam., 3 = 8037 hectom., 53
= 803 kilom., 753.

3°. 1324500 + 16767 + 148485 + 3453 + 4480
= 1497685 m. = 149768 décam., 5 = 14976 hectom., 85
= 1497 kilom., 685.

4°. 562360 + 1382,8 + 364500 + 137670 + 527
= 1066439 m., 8 = 106643 décam., 98 = 10664 hect., 398
= 1066 kilom., 4398.

Total. 307235 + 803753 + 1497685 + 1066439,8
= 3675112 m., 8 = 367511 décam., 28 = 36751 hectom.,
128 = 3675 kilom., 1128.

603. *Unité* : Le *mètre carré*.

1°. 4,25 + 7,3650 + 276 + 147,3742 + 9,75 = 444 m.
car., 7392 = 44473 décim. car., 92 = 4447392 cent. car.,

2°. 15,82 + 75,4250 + 82,3675 + 8,007560 + 36,48
= 210 mèt. car., 100060 = 21010 décim. car., 0060
= 2101000 cent. car., 60.

3°. 4,95 + 36,7485 + 58,1752 + 38,1485 = 138 m.
car., 0222 = 13802 décim. car., 22 = 1380222 cent. car.

Total. 444,7392 + 210,100060 + 138,0222 = 792 m.
car., 861460 = 79286 décim., 1460 = 7928614 cent.
car., 60.

604. *Unité* : L'*are*.

1°. 500 + 647 + 6204,80 + 62,52 + 372,84 + 36,68
= 7823 a., 84 = 78 hect., 2384 = 782384 centiares
= 78238400 décim. carrés.

2°. 62,285 + 3845 + 568,47 + 348,45 + 1436,70
+ 38 = 6298 ar., 9050 = 62 hect. 989050 = 629890
centia., 50 = 62989050 décim. carrés.

3°. 126,45 + 45,87 + 475,38 + 600 + 4872,80 + 3,85
= 6124 ar., 35 = 61 hecta., 2435 = 612435 centia.
= 61243500 décim. carrés.

4°. 3838 + 47,2852 + 36,2428 + 132,7282 + 339
= 4393 a., 2562 = 43 hecta., 932562 = 439325 centia., 62
= 43932562 décim. carrés.

Total : 7823,84 + 6298,9050 + 6124,35 + 4393,2562
= 24640 a., 3512 = 246 hecta., 403512 = 2464035 cent., 12
= 246403512 décim. carrés.

605. *Unité :* Le *mètre cube.*

1°. 15,348 + 4,506 + 158,175 + 0,075409 + 8,475672
+ 8 = 194 m. cub., 579081 = 194579 décim. cub., 081
= 194579081 centim. cubes.

2°. 378,742 + 5,450 + 2,082700 + 8,365 + 4,368
= 399 m. cub., 007700 = 399007 décim. cub., 700
= 399007700 centim. cubes.

Total : 194,579081 + 399,007700 = 593 mètres cub.,
586784 = 593586 décim., 784 = 593586784 centim. c.

606. 134 + 368,28 + 46,5 + 38 + 48 + 568,4 + 58,8
= 1261 st., 98 = 12619 décist., 8.

607. *Unité* : Le *litre.*

1°. 2582 + 137,56 + 825 + 1445 + 182,5 + 30
= 5202 lit., 06 = 52 hectol., 0206 = 520 décal., 206
= 52020 décil., 6 = 520206 centil.

2°. 800 + 1428 + 388,6 + 2984 + 136,75 + 297,5
+ 36 = 6070 lit., 85 = 60 hectol., 7085 = 607 décal., 085
= 60708 décil., 5 = 607085 centilitres.

3°. 1577,62 + 3875 + 5365,8 + 148,86 + 1471,64
= 12440 lit., 92 = 124 hectol., 4092 = 1244 décal., 092
= 124409 décil., 2 = 1244092 centilitres.

4°. 22800 + 13964 + 149,5 + 3852,75 + 0,67
= 40766 lit., 92 = 407 hectol., 6692 = 4076 décal., 692
= 407669 décil., 2 + 4076692 centilitres.

Total : 5202,06 + 6070,85 + 42440,92 + 40766,92
= 64680 lit., 75 = 644 hectol., 8075 = 6448 décal., 075
= 644807 décil., 5 = 6448075 centilitres.

608. *Unité : Le kilogramme.*

1°. 42,35 + 68,128 + 4,536 + 1,65 + 5,3765 = 122
kil., 0405 = 1220 hectog., 405 = 12204 décag., 05
= 122040 gr., 5 déc.

2°. 0,365 + 0,036 + 46,562 + 1,682 + 0,425 + 6,47
= 55 kilog., 540 = 555 hectog., 40 = 5554 décagr.
= 55540 grammes.

3°. 0,2662 + 0,3265 + 0,0175 + 15,752 + 38,225
= 54 kilog., 5872 = 545 hectog., 872 = 5458 décag., 72
= 54587 gr., 2 décig.

4°. 0,02154 + 0,00045 + 0,0125 + 0,003456
+ 0,024356 + 0,00438 + 0,000826 = 0 kilog., 067508
= 0 hectog., 67508 = 6 décag., 7508 = 67 gr., 508.

609. *Unité : Le litre.*

1°. 1500 — 275 = 1225 lit. = 12 hectol., 25 = 122 déc., 5.

2°. 1582 — 650 = 932 lit. = 9 hectol., 32 = 93 décal., 2.

3°. 24580 — 678 = 23893 lit. = 238 hectol., 93
= 2389 décal., 3.

4°. 1225 + 932 + 23893 = 26050 lit. = 260 hect., 50
= 2605 décal.

610. Prix du mètre : 0,12 × 100 = 12 fr.
Rép. 12 × 27,85 = 334 fr., 20.

611. Prix de l'are : 1,75 × 100 = 175 fr.
Rép. 175 × 24 = 4200 fr.

612. 109 × 126 = 13734 fr.

613. Prix de l'are : 1800 : 100 = 18 fr.
Rép. 18 × 46,25 = 832 fr., 50.

614. 0,05 × 125 = 6 fr., 25.

615. Prix du décag. 1,35 : 100 = 0 fr., 0135.
Rép. 0,0135 × 75 = 1 fr., 0125.

616. 230 × 18 = 4140 lit.

617. 13675 : 36 = 379 ares, 86 centiares.

618. Prix du mètre car. 1275 : 1000 = 0 fr., 1275.

Rép. $0,1275 \times 12,35 = 1$ fr., 574625.

619. Prix du litre : $48 : 100 = 0$ fr., 48.

Rép. $0,48 \times 48,35 = 23$ fr., 208.

620. Prix du litre : $24,50 : 100 = 0$ fr., 245.

Rép. $18 : 0,245 = 73$ lit., 469.

621. Prix du gramme : $4,35 : 1000 = 0$ fr., 00435.

Rép. $0,90 : 0,00435 = 206$ gr., 64.

622. $0,75 : 2,45 = 0$ lit., 306 mill.

623. $200 \times 5 = 1000$ gr. $= 1$ kilog.

624. $(7500 \times 5) + 150 = 37$ kilog., 650 gr.

625. $1000 : (5 \times 5) = 40$ pièces.

626. $7,25 — 0,35 = 6$ lit., 90.

627. $138 — 15 = 123$ litres.

628. Prix du kilog. : $148,60 : 100 = 1$ fr., 186.

Rép. $1736 : 1,186 = 1463$ kilog., 743.

629. Prix du kilog. : $27 : 100 = 0$ fr., 27.

Rép. $0,27 \times 136 = 36$ fr., 72.

630. 15 mèt. cub. $= 15000$ litres.

Rép. $15000 : 240 = 62$ j., 5.

631. $8500 : (4 \times 60) = 35$ h., 25 minutes.

632. $1000000 \times 5 = 5000$ kilog.

633. 100 fr. en argent pèsent $100 \times 5 = 500$ gr.

Rép. $500 : 15,5 = 32$ gr., 2580.

634. Rép. La pièce de 50 fr. pèse 16 gr., 1290 ; celle de 20 fr., 6 gr., 4516 ; celle de 10 fr., 3 gr., 2258 ; et celle de 5 fr., 1 gr., 6129.

635. 1° en or $(1500 \times 5) : 15,5 = 483$ gr., 87.

       2° en argent $1500 \times 5 = 7$ kilog., 500 gr.

636. $5 \times 5 \times 0,9 = 22$ gr., 5.

637. Poids de la pièce de 100 fr. $(100 \times 5) : 15,5 = 32$ gr., 2580.

Rép. $32,2580 \times 0,9 = 29$ gr., 0322.

638. $18000 : 5 = 3600$ fr.

639. $138 \times 0,85 = 117$ gr., 3, en or, et $138 — 117,3 = 20$ gr., 7.

640. $(85 : 5) \times 15,5 = 263$ fr., 50.

641. Or pur contenu dans le lingot: $128 \times 0,85 = 108$ gr., 8.

1 gr. d'or pur vaut 3 fr., 10 (*V. page* 33 *prob.* 262. 2°)

Rép. $3,10 \times 108,8 = 337$ fr., 28.

642. 1° Poids du lingot : $120 : 0,85 = 141$ **gr.**, 17.

2° $141,17 - 120 = 21$ gr., 17 de cuivre.

643. Poids du lingot: $1000 : 0,85 = 1176$ gr., 47.

Rép. $1176,47 - 1000 = 176$ gr., 47 de cuivre.

644. Prix du kilog. : $38,75 : 1000 = 0$ fr., 03875.

Rép. $0,03875 \times 845 = 32$ fr., 74375.

645. Prix du kilog. : $42,35 : 1000 = 0,04235$.

Rép. $650 : 0,04235 = 15348$ kilog.

646. Le décim. cub. vaut 1000 centim. cub.

Rép. $6000 \times 7 = 42000$ gr. $= 42$ kilog.

647. 25 centilit. $= 250$ centim. cub., et 8 m. cub. $= 8000000$ de centim. cubes.

Rép. $8000000 : 250 = 32000$ minutes $= 22$ j. 5 h. 20 m.

648. $12000 : 5,25 = 2286$ minutes $= 1$ j. 14 h. 6 m.

649. La pompe enlève $4,60 - 0,75 = 3$ lit., 85 par m.

Rép. $16000 : 3,85 = 3478$ min., $3 = 2$ j. 9 h. 58 m., 3.

650. Prix du gramme : $37 : 1000 = 0$ fr., 037.

Rép. $0,037 \times 128 = 4$ fr., 736.

651. Vente: $(10000 : 2) \times 0,05 = 250$ fr.

Rép. $250 - 140 = 110$ fr.

652. La pièce contient 24000 centilit. et doit être vendue $420 + 150 = 570$ fr. Le centilit. vaut $570 : 24000 = 0$ fr., 0235.

Rép. $0,20 : 0,0235 = 8$ centilit., 51.

653. Les ouvriers enlèvent, en 1 jour, $0,532 \times 18 \times 12 = 114$ m. cub., 912.

Rép. $125842 : 114,912 = 1095$ jours 1 h. 20 min.

PROBLÈMES DE RÉCAPITULATION SUR
LES QUATRE OPÉRATIONS.

654. $2 - (0,35 + 1,25) = 0$ fr., 40.

655. $1 - (0,85 \times 0,45) = 0$ fr., 6175.

656. $1287 : 4,85 = 265$ j., 15.

657. $475 : (0,35 \times 11) = 123$ j., 37.

658. Achat : 1° $12,80 \times 24,75 \times 18 = 5702$ fr., 40.

2° $13,85 \times 28 \times 24 = 3202$ fr., 20.

Total : $5702,40 + 3202,20 + 150 = 9054$ fr., 60.

Vente : $(24,75 \times 18) + (28 \times 24) = 1017$ m., 50.

Total : $15,25 \times 1017,50 = 15516$ fr., 875.

Gain : $15516,875 - 9054,60 = 6462$ fr., 275.

659. $(850 + 38,80 + 45 + 300) : (23,50 \times 35) = 1$ fr., 50.

660. $1284 : (0,50 - 0,15) = 8560$ lit.

661. $(327 - 215) : 0,25 = 448$ lit.

662. Achat : $0,45 \times 85 = 38$ fr., 25.

Rép. $(38,25 + 35) : (82 \times 12) = 0$ fr., 0737 ou 0 fr., 074.

663. 1re $142000 \times 0,45 = 63900$ fr.

2e $142000 - 63900 = 78100$ fr.

664. 1re $52870 \times 0,28 = 14803$ fr., 60.

2e $52870 \times 0,35 = 18504$ fr., 50.

3e $52870 \times 0,37 = 19561$ fr., 90.

665. Somme à partager : $13000 : 0,65 = 20000$ fr.

Part de la 2e pers. $20000 - 13000 = 7000$ fr.

666. Pour 1 are, il faudrait $200 : 100 = 2$ lit.

Rép. $47,75 \times 2 = 95$ lit., 5 décilit.

667. $(6750 - 438) \times 2 = 12624$ plants.

668. $(15 \times 350) + 4500 + 4500 + 1800 + 3500 = 16550$ fr.

Rép. $16550 : 350 = 47$ fr., 28 les 1000 kilog.

et $47,28 : 10 = 4$ fr., 73 les 100 kilog.

669. $(1,20 \times 2,75) - (0,30 \times 3) = 2$ fr., 40.

Rép. $2,40 \times 365 = 876$ fr.

670. 1° $(3,80 \times 182 \times 34) - (20 \times 182) = 19874$ fr., 40.

$(4,75 \times 65 \times 34) - (20 \times 65) = 9197$ fr., 50.

2° $(2,15 \times 128 \times 34) - (10 \times 128) = 8076$ fr., 80.

3° $(0,95 \times 125 \times 34) - (5 \times 125) = 3442$ fr., 50.

Réponse.... 40564 fr., 20.

671. $(8,15 + 1,25) \times 1275 + 1500$ fr. $= 13485$ fr.

Rép. $(18,50 \times 1260) - 13485 = 9825$ fr.

672. Achat : $0,45 \times (2400 : 12) = 90$ fr.

Rép. $(90 + 28 + 48) : 2400 = 0$ fr., 069 ou 0 fr., 07.

673. $78,30 : (1,25 - 0,92) = 237$ m., 27.

674. Gain total : $3572 - (1345 + 160) = 2067$ fr.

Rép. $2067 : 6725 = 0$ fr., 307.

675. $(235 + 86) - 188 = 133$ fr.

676. $(95 + 136 + 80) : (215 + 225) = 0$ fr., 684.

677. Le mélange formera : $(218 + 230) : 0,72 = 622$ bouteilles.

Rép. $(78 + 130 + 150) : 622 = 0$ fr., 575, ou 0 fr., 58.

678. 1er $(85 + 12) : 2 = 48$. 2^e $(84 - 12) : 2 = 36$.

679. 1er $(100 + 18) : 2 = 59$. 2^e $(100 - 18) : 2 = 41$.

680. Prix du cheval : $(1675 + 125) : 2 = 900$ fr.

Prix de la voiture : $(1675 - 125) : 2 = 775$ fr.

681. $18000 - (1200 + 800 + 800) = 15200$ fr.

3° $15200 : 3 = 5066$ fr., 66.

2° $5066,66 + 800 = 5866$ fr., 65.

1re $6866,66 + 1200 = 7066$ fr.

Reste 2 centimes.

682. $3600 - (500 + 500 + 500) = 2100$ fr.

3° $2100 : 3 = 700$ fr.

2° $700 + 500 = 1200$ fr.

1er $1200 + 500 = 1700$ fr.

683. $12600 - (800 + 540 + 540) = 10720$ fr.

Pré : $10720 : 3 = 3573$ fr., 33.

Verger : $3573,33 + 540 = 4113$ fr., 33.

Maison : $4113,33 + 800 = 4913$ fr., 33.

Reste 1 centime.

684. $2520 - (60 + 48 + 48) = 2364$ fr.
　　　　1er. $2364 : 3 = 788$ fr.
　　　　2e. $788 + 48 = 836$ fr.
　　　　3e. $836 + 60 = 896$ fr.

685. La 1re .... 2800 fr.

　　　　2^e $2800 + 900 = 3700$ fr.
　　　　3^e $2800 \times 2 = 5600$ fr.
　　　　4^e $3700 + 1500 = 5200$ fr.

　　　Héritage total.. 17300 fr.

686. $24000 - (125 \times 6) = 23250$ fr.
　　　　4^e $23250 : 4 = 5812$ fr., 50.
　　　　3^e $5812,50 + 125 = 5937$ fr., 50.
　　　　2^e $5937,50 + 125 = 6062$ fr., 50.
　　　　1er $6062,50 + 125 = 6187$ fr., 50.

687. 1er 8500 fr., le 2^e $8500 \times 2 = 17000$ fr.
　　Le 3^e $8500 + 4670$ fr. $= 13170$ fr.
　　Le 4^e $75000 - (8500 + 17000 + 13170) =$
36330 fr.

688. Prix du mètre : $135 : 45 = 3$ fr.
Rép. $3 \times 145 = 435$ fr.

689. Gain d'un jour : $140 : 35 = 4$ fr.
Rép. $4 \times 28 = 112$ fr.

690. Prix du kil., $1194 : 736 = 1$ fr., 50.
Rép. $1,50 \times 1286 = 1929$ fr.

691. Prix du mètre : $540 : 36 = 15$ fr.
Rép. $15 \times 27,50 = 412$ fr., 50.

692. Prix de l'hectol. $1560 : 65 = 24$ fr.
Rép. $24 \times 85 = 2040$ fr.

693. Gain d'un ouvrier : $4200 : 35 = 120$ fr.
Rép. $120 \times 58 = 6960$ fr.

694. Gain, en 1 h. $6 : 12 = 0$ fr., 50.
Rép. $0,50 \times 9 = 4$ fr., 50.

695. Prix du mètre : $1896 : 158 = 12$ fr.
Rép. $2820 : 12 = 235$ m.

696. 1 ouvrier fait : $9720 : 72 = 135$ m.
Rép. $135 \times 58 = 7830$ m.
697. Prix du lit. $8732 : 4366 = 2$ fr.
Rép. $2 \times 1458 = 2916$ fr.
698. On paye par kilog. $227,46 : 7582 = 0$ fr., 03.
Rép. $0,03 \times 8475 = 254$ fr., 25.

699. $\dfrac{338 \times 1400}{1190} = 397$ fr., 638. (*Voyez page* 36, *Mé-thode de l'unité.*)

700. $\dfrac{9 \times 1839,50}{140,50} = 117$ mois, 83 ; ou 9 ans 9 mois 21 jours et $\frac{1}{2}$.

701. $\dfrac{1397,50 \times 365}{215} = 2372$ fr., 03.

702. $\dfrac{18 \times 72}{24} = 54$ jours.

703. Bénéfice de 1 fr. 4 : $100 = 0$ fr., 04.
Rép. $0,04 \times 7800 = 312$ fr.
704. Bénéfice de 1 fr. 8 : $100 = 0,08$.
Rép. $0,08 \times 12500 = 1000$ fr.
705. Gain de 1 fr. 5 : $100 = 0$ fr., 05.
Rép. $0,05 \times 15786 = 789$ fr., 30.
706. Remise de 1 fr. 5 : $100 = 0$ fr. 05
Rép. $2186 - (0,05 \times 2186) = 2076$ fr., 70.
707. Bénéfice de 1 fr. 6 : $100 = 0$ fr., 06.
Rép. $0,06 \times 18729 = 1123$ fr., 74.
708. Bénéfice de 1 fr. 15 : $100 = 0$ fr., 15.
Rép. $0,15 \times 96800 = 14520$ fr.
709. Bénéfice de 1 fr. 15 : $100 = 0$ fr., 15.
Rép. $0,15 \times 8500 = 1275$ fr.
710. Gain de 1 fr. 8 : $100 = 0$ fr., 08.
Rép. $0,08 \times 1680 = 134$ fr., 40.
711. Remise de 1 fr. 6,50 : $100 = 0$ fr., 065.
Rép. $1385 - (0,065 \times 1285) = 1201$ fr., 475.

6

712. Perte de 1 fr. 7,50 : 100 = 0 fr., 075.
Rép. 0,075 × 87450 = 6558 fr., 75.

713. Gain de 1 fr. 3 : 100 = 0, fr., 03.
Rép. 0,03 × 1560 = 46 fr., 80.

714. Gain de 1 fr. 6 : 100 = 0 fr., 06.
Rép. 210 : 0,06 = 3500 fr.

715. 1 fr. rapporte : 4,50 : 100 = 0 fr., 045.
Rép. 6238 : 0,045 = 138922 fr., 22.

716. 1 fr. rapporte : 7 : 100 = 0 fr., 0 7.
Rép. 630 : 0,07 = 9000 fr.

717. 1 fr. rapporte : 507 : 7800 = 0 fr., 065.
Rép. 0,065 × 100 = 6 fr., 50.

718. $\dfrac{4,75 \times 1284}{93} = 23$ fr., 40.

719. $\dfrac{7 \times 285}{80} = 24$ fr., 9375.

720. $\dfrac{3 \times 1850}{175} = 31$ fr., 71.

721. $\dfrac{0,05 \times 2587}{25} = 5$ fr., 174.

722. $\dfrac{4 \times 5}{0,15} = 133$ pommes, *r.* 5 centièmes.

723. $\dfrac{25 \times 2,75}{0,15} = 458$ noix, *r.* 5 cent.

724. $\dfrac{15 \times 124}{9} = 206$ m., 667.

725. $\dfrac{9 \times 540}{17} = 285$ h., 83; ou 285 h. 52 min.

726. $\dfrac{5 \times 12735}{82,65} = 770$ fr., 41.

727. $\dfrac{3,75 \times 87,35}{23,75} = 13$ fr., 787.

728. $\dfrac{46 \times 548}{6,50} = 3878$ fr., 15.

729. $\dfrac{3 \times 12 \times 50}{2} = 900$ œufs.

730. $\dfrac{8 \times 82000}{750} = 874$ min., 66 = 14 h. 34 min. 40 s.

731. En 1 minute, on enlève : $(45-3) : 8 = 5$ lit., 25.
Rép. 15000 : 5,25 = 2857 minutes; ou 47 h. 37 min.

732. En 1 minute, on enlève : $(5 : 2) + (8 : 5) = 4$ lit.,
1 décilit.
Rép. 12000 : 4,1 = 2926 min., 83 ; ou 40 h. 46 min.
49 secondes.

733. $\dfrac{8982 \times 635}{728} = 7834$ fr., 60.

734. $\dfrac{6500 \times 150}{1285} = 758$ lit., 74.

735. $\dfrac{18 \times 85}{36} = 42$ jours, 5 dixièmes.

636. $\dfrac{15 \times 28}{21} = 20$ jours.

737. Revenu de 1 fr. 6,75 : 100 = 0,0675.
Rép. 0,0675 × 82500 = 5568 fr., 75.

738. Remise de 1 fr. 15 : 100 = 0 fr., 15.
Rép. 68700 − (0,15 × 68700) = 57865 fr.

739. $\dfrac{586 \times 60 \times 8 \times 12}{7} = 482$ kilom., 194.

740. Le voyageur fait : 784 : 8 = 98 m. par minute.
Rép. 414000 : (60 × 90) = 7 j. 1 h. 17 min.

741. Prix du litre : 0,10 : 0,08 = 1 fr., 25.
Décalitre : 1,25 × 10 = 12 fr., 50. Demi-lit. 0 fr., 625.

742. $\dfrac{8 \times 12 \times 500}{425} = 112,94$, ou 113 chapeaux.

743. Remise de 1 fr. 15 : 100 = 0 fr., 15.

Rép. $128435 - (0,15 \times 128435) = 109169$ fr., 75.

744. Le 1ᵉʳ contient : $944 - 458 = 486$ mèt.

Prix du 2ᵉ : $\dfrac{3931 \times 458}{486} = 3704$ fr., 52.

745. Gain du 1ᵉʳ : $2,50 \times 28 = 70$ fr.

Le 2ᵉ gagne : $(196 - 70) : 28 = 4$ fr., 50 par jour.

746. Il reste : $7000 - 6423 = 577$ m.

Rép. $\dfrac{4062,08 \times 7000}{577} = 49280$ fr.

747. Prix du mètre : 6750 : 4500 = 1 fr., 50.

Rép. $1,50 \times 12700 = 19050$ fr.

748. $\dfrac{785 \times 13 \times 48}{5 \times 34} = 221$ fr., 649.

749. $\dfrac{662 \times 0,95 \times 68}{45 \times 1,15} = 835$ fr., 96.

750. $\dfrac{260 \times 1,08 \times 23 \times 4}{24 \times 3 \times 1,20} = 299$ fr.

FIN.

TABLE DES MATIÈRES.

FIN DE LA TABLE DES MATIÈRES.

9 782013 710992